FORSCHUNGSBERICHTE
DES WIRTSCHAFTS- UND VERKEHRSMINISTERIUMS
NORDRHEIN-WESTFALEN

Herausgegeben von Staatssekretär Prof. Dr. h. c. Dr. E. h. Leo Brandt

Nr. 670

Prof. Dr.-Ing. Herwart Opitz
Dipl.-Ing. Wolfgang Backé
Laboratorium für Werkzeugmaschinen und Betriebslehre
an der Technischen Hochschule Aachen

Untersuchung von Kopiersteuerungen

Als Manuskript gedruckt

SPRINGER FACHMEDIEN WIESBADEN GMBH

1959

ISBN 978-3-663-03804-7   ISBN 978-3-663-04993-7 (eBook)
DOI 10.1007/978-3-663-04993-7

Gliederung

Einleitung .... S. 5

I. Rechnerische Ermittlung der Kennlinienfelder und
Kennwerte der einzelnen Systeme .... S. 6

   1. Die unsymmetrische Einkantensteuerung .... S. 7

   2. Die unsymmetrische Zweikantensteuerung .... S. 12

   3. Die symmetrische Zweikantensteuerung .... S. 15

   4. Die symmetrische Vierkantensteuerung .... S. 20

   5. Zusammenfassung .... S. 23

II. Untersuchungen im stationären Zustand .... S. 25

   1. Die Geschwindigkeitsverstärkung C_o .... S. 25

   2. Die Kraftverstärkung E_o .... S. 27

   3. Das linearisierte Kennlinienfeld .... S. 29

III. Bearbeitungsversuche .... S. 31

   1. Versuche mit einer Stufenschablone .... S. 31

      a) Längsfehler .... S. 39

      b) Durchmesserfehler .... S. 35

   2. Messung der Umkehrspanne unter Schnittlast .... S. 37

IV. Dynamisches Verhalten und Stabilitätsuntersuchungen ...... S. 43

   1. Frequenzganguntersuchung
des geschlossenen Regelkreises .... S. 43

   2. Stabilitätsuntersuchungen .... S. 47

      a) Versuchsaufbau und Ergebnisse .... S. 48

      b) Aufteilung des Regelkreises in Regel-
strecke und Regler .... S. 50

      c) Kombination mit Proportionalregler
nullter Ordnung .... S. 53

      d) Kombination mit Proportionalregler 2. Ordnung .. S. 55

      e) Möglichkeiten zur Vermeidung von
Regelkreisschwingungen .... S. 63

Schlußbetrachtung .... S. 65

Literaturverzeichnis .... S. 67

Einleitung

Das Kopieren oder Nachformen hat sich bei vielen Bearbeitungsverfahren Eingang verschafft. Am häufigsten wird es bei der Drehbearbeitung verwendet, doch auch das Fräsen von Konturen und Gesenken sowie das Hobeln von Profilen läßt sich durch Kopieren ausführen. Vor allem die Wirtschaftlichkeit dieses Verfahrens in Einzel-, Reihen- und Massenfertigung brachte es mit sich, daß bald für Kopiermaschinen oder Anbaugeräte ein weites Arbeitsfeld entstand. Viele Werkzeugmaschinenhersteller haben daher Kopiermaschinen oder Anbaugeräte in ihr Fertigungsprogramm aufgenommen so daß heute eine Vielzahl solcher Maschinen im Einsatz sind. Besondere Möglichkeiten bieten sich für das Kopierverfahren bezüglich der Automatisierung des Arbeitsablaufes. So arbeiten beispielsweise die meisten Kopierdrehmaschinen mit einem selbsttätigen Arbeitszyklus, bei dem nach dem Einspannen des Werkstückes alle Arbeitsoperationen bis zum Schlichtschnitt und Ausfahren des Meißels nach einem eingestellten Programm ablaufen. Werden auch noch die Werkstückzuführung und der Abtransport der fertigen Teile durch entsprechende Vorrichtungen ausgeführt, so handelt es sich bei einer solchen Maschine um einen vollautomatisierten Einzelarbeitsplatz.

Das Versuchsprogramm "Untersuchung von Kopiersteuerungen" beschränkt sich im ersten Abschnitt auf die Nachformsysteme für den Drehvorgang. Der Grund ist in der Tatsache zu suchen, daß das Nachformdrehen in den letzten Jahren eine besonders schnelle Entwicklung erlebt hat und daß andererseits beim Drehen sehr hohe Anforderungen bezüglich Genauigkeit und Oberflächengüte gestellt werden. Zur Erfüllung dieser Aufgaben sind genaue und mit Sicherheit gegen dynamische Instabilität ausgelegte Systeme notwendig.

Beim Nachformdrehen werden eine Reihe verschiedener Systeme verwendet, die sich in folgende Gruppen unterteilen lassen:

> hydraulische Systeme,
> pneumatisch-hydraulisches System,
> elektro-hydraulische Systeme,
> elektrische Systeme.

Die meisten der heute bekannten Maschinen und Aggregate haben rein hydraulische Steuerung und fallen damit in die erste Gruppe. Das Programm umfaßt vorläufig diese Systeme und soll später auch auf die übrigen Gruppen ausgedehnt werden.

Da im deutschen Schrifttum über die Bezeichnung der hydraulischen Systeme weitgehend Unklarheit herrscht, wurde eine von dem Tschechen ZELENY [21, 22] angewandte Einteilung übernommen. Dabei wird erstens nach der Zahl der Steuerkanten und dann nach der funktionsmäßig notwendigen Ausbildung des Arbeitskolbens als Differentialkolben oder als gleichflächigen Kolben unterschieden. Falls ein Differentialkolben funktionsmäßig notwendig ist, wird das System als unsymmetrisch, sonst als symmetrisch bezeichnet. Weiterhin ist zu unterscheiden zwischen Systemen, die den Flüssigkeitsstrom an den Steuerkanten drosseln und solchen, die ihn in Mittellage unterbrechen. Im ersten Fall haben die Steuerkanten negative, im zweiten Falle positive Überdeckung.

Die wichtigsten hydraulischen Steuersysteme sind:

>   die unsymmetrische Einkantensteuerung,
>   die unsymmetrische Zweikantensteuerung,
>   die symmetrische Zweikantensteuerung,
>   die symmetrische Vierkantensteuerung,
>   die Steuerung mit Stahlrohrprinzip.

Die nachfolgenden Ausführungen gliedern sich in vier Teile. Im ersten werden rechnerische Zusammenhänge der oben angeführten hydraulischen Steuersysteme behandelt, wobei auf das Kennlinienfeld und die Kenngrößen eingegangen wird. Die nächsten beiden Abschnitte befassen sich mit Versuchsergebnissen, die einmal nur das Aggregat ohne Bearbeitungsmaschine und zum anderen das Aggregat während der Bearbeitung auf der Werkzeugmaschine betreffen. Der letzte Abschnitt geht auf das dynamische Verhalten sowie Stabilitätsuntersuchungen ein.

I. Rechnerische Ermittlung der Kennlinienfelder und Kennwerte der einzelnen Systeme

Beim Nachformen handelt es sich bekanntlich um eine Steuerung der Meißelbewegung nach der Form einer Schablone oder Musterwelle, wobei diese Steuerbewegung durch eine Nachlaufregelung ausgeführt wird. Bei einer idealen Nachformung dürfte sich der Fühler relativ zum Meißel bzw. Nachformsupport nicht verlagern. Bei ausgeführten Aggregaten müssen aber möglichst kleine Tasterbewegungen relativ zum Meißel Supportgeschwindigkeiten und Meißelkräfte erzeugt werden.

Zwei Kenngrößen sind dabei für das stationäre Verhalten eines Systemes wichtig:

a) die Geschwindigkeitsverstärkung, die angibt, in welchem Maße die Geschwindigkeit über der Tasterauslenkung anwächst. Sie ist definiert:

$$C_o = \frac{\delta v}{\delta h} (P=o) \left[\frac{cm}{sek}/cm\right],$$

b) die Kraftverstärkung, die angibt, in welchem Maße die Kraft am Meißel über der Tasterauslenkung anwächst. Sie ist definiert zu:

$$E_o = \frac{\delta P}{\delta h}(v=o) \left[\frac{kg}{cm}\right].$$

Während die Geschwindigkeit über der Tasterauslenkung bei den betrachteten Systemen in einem bestimmten Bereich linear ansteigt, so daß sich C_o als Steigung einer Geraden ergibt, ist der Verlauf der Kraft über dem Tasterausschlag nicht linear. E_o ist dann die Steigung der Tangente an die Kurve $P=f(h)_{(v=o)}$; d.h. Belastung P über der Tasterauslenkung h für die Geschwindigkeit v = o. Je besser die Tangente sich an die Kurve anschmiegt, um so eher kann ihre Steigung als Maß für die Kraftverstärkung des Systems angesehen werden.

1. Die unsymmetrische Einkantensteuerung

In Abbildung 1 ist das Schema einer Einkantensteuerung dargestellt. Bei Ausführung a beaufschlagt das von der Pumpe geförderte Öl die Fläche F_1 des Differentialkolbens mit einem Druck p_1, der durch das Überströmventil ÜV konstant gehalten wird. Durch eine konstante Drossel wird der Öldruck auf p_2 reduziert und auf die Fläche F_2 geleitet.

Dieser Druck p_2 wird durch Vergrößerung oder Verkleinerung des Steuerschlitzes h_o je nach der aufgebrachten Belastung P variiert. Zur analytischen Behandlung werden folgende Größen benötigt.

Q_p = Fördermenge der Pumpe cm³/sek
$Q_{\ddot{u}}$ = Ölmenge, die durch ÜV abströmt cm³/sek
Q_A = Ölmenge, die durch die konstante
Drossel fließt cm³/sek
Q_B = Ölmenge, die durch die Steuerkanten
fließt cm³/sek
F_2 = große Fläche des Differentialkolbens cm²
F_1 = kleine Fläche des Differentialkolbens cm²
p_1 = konstanter Druck kg/cm²
p_2 = veränderlicher Druck kg/cm²
h_o = Öffnung der Steuerkanten cm
P = Belastung des Meißels kg
v = Geschwindigkeit des Supportes cm/sek
$\alpha = \dfrac{F1}{F2}$ (Flächenverhältnis)

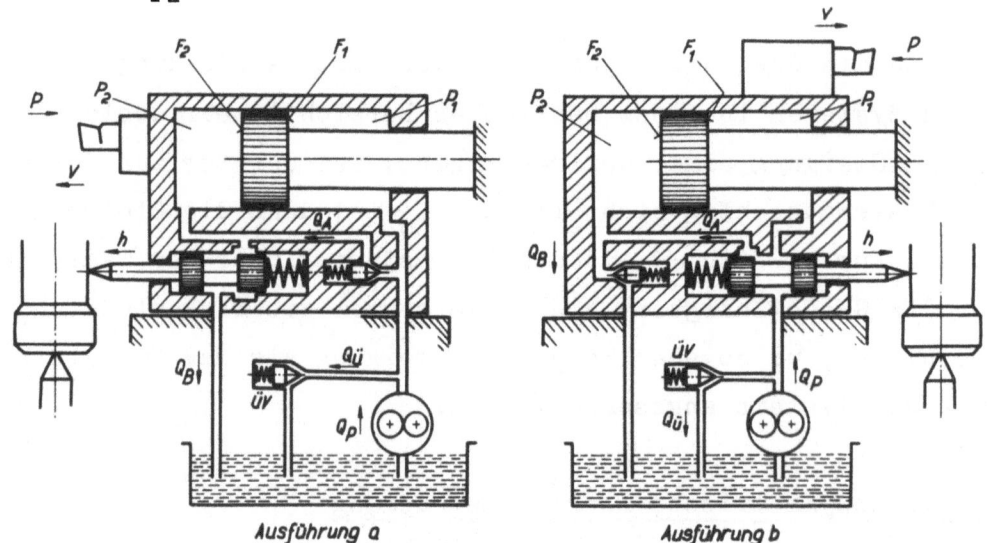

Abbildung 1

Ausführungsformen der Einkantensteuerung

Es gelten folgende Zusammenhänge:

$P = p_2 F_2 - p_1 F_1$ Gleichgewichtsbedingung

$Q_A = Q_p - Q_{\ddot{u}} + vF_1$
$Q_B = Q_A - vF_2 = Q_p - Q_{\ddot{u}} - v(F_2 - F_1)$ } Kontinuitätsgleichungen

$Q_A = C\sqrt{(p_1 - p_2)}$
$Q_B = B\, h_o \sqrt{p_2 - p_r}$ } Durchflußgleichungen

Vereinfachend wird angenommen, daß der Druck in den Rückleitungen $p_r = 0$ ist. Die Durchflußgleichungen geben den wirklichen Verlauf nur angenähert wieder, jedoch genügt diese Näherung für die folgende Betrachtungen. Der Durchfluß-Koeffizient $B = d \cdot \pi \cdot \alpha \sqrt{\frac{2g}{\gamma}}$ der Steuerkanten ist für die Ringschlitze über einen gewissen Bereich konstant, so daß er mit einem festen Wert eingesetzt werden kann. In Zusammenfassung sämtlicher Gleichungen ergibt sich eine Beziehung zwischen den drei interessierenden Variablen: Belastung P, Geschwindigkeit v und Öffnung des Steuerschlitzes h_o:

$$h_o = \frac{C\sqrt{p_1(1-\alpha) - \frac{P}{F_2}}}{B\sqrt{p_1 \cdot \alpha + \frac{P}{F_2}}} - \frac{v \cdot F_2}{B\sqrt{p_1 \cdot \alpha + \frac{P}{F_2}}}$$

Da diese Beziehung das Verhalten des Systems im stationären Bereich kennzeichnet, wird sie charakteristische Gleichung genannt. In Abbildung 2 ist sie in der Form Belastung P über der Öffnung der Steuerkante h_o mit der Geschwindigkeit v als Parameter aufgetragen. Dabei sind alle Größen dimensionslos angegeben, indem sie auf ihren Maximalwert bezogen sind.

Das hat den Vorteil, daß diese Darstellung für alle Ausführungen gültig ist. Sie wird als Kennlinienfeld des Systems bezeichnet. Ähnliche Kurven wurden von KOROBOCKIN [13] ermittelt. Aus der charakteristischen Gleichung lassen sich die beiden wichtigen Kennwerte des Systems ermitteln.

Als Kraftverstärkung E_o ergibt sich durch Differenzieren:

$$E_o = \frac{\delta P}{\delta h_o \, (v=0)} = \frac{2B \cdot p_1 \cdot F_2}{C} (1-\alpha)^{1/2} \cdot \alpha^{3/2} \left[kg/cm \right]$$

Der Kraftanstieg wächst also mit steigendem Druck, mit größer werdendem F_2 und mit steigendem Durchflußkoeffizient B, sowie mit fallendem Durchflußkoeffizient C der konstanten Drossel.

Bei Systemen mit Differentialzylinder bleibt für alle Flächenverhältnisse $\alpha = F_1/F_2$ das Kennlinienfeld erhalten. Es ändert sich dann nur die Lage der Abszisse, so daß ein zweiter Maßstab für α eingezeichnet werden kann (siehe Abb. 2). Mit α ändert sich die Steigung der Kurve für $v = 0$, d.h. E_o.

Ein Maximum für E_o ergibt sich, wenn $\delta E_o / \delta \alpha = 0$ gesetzt wird. Es ist dann

$$\frac{\delta E_o}{\delta \alpha} = \frac{2 B \cdot p_1 \cdot F_2}{C} \left[\frac{-\alpha^{3/2}}{2(1-\alpha)^{1/2}} + \frac{3}{2} \alpha^{1/2} (1-\alpha)^{1/2} \right] = 0$$

$$\alpha^{3/2} = \frac{3}{2} \cdot \alpha^{1/2} \cdot (1-\alpha)$$

$$\alpha = 3(1-\alpha) = 3 - 3\alpha$$

$$\alpha = 3/4$$

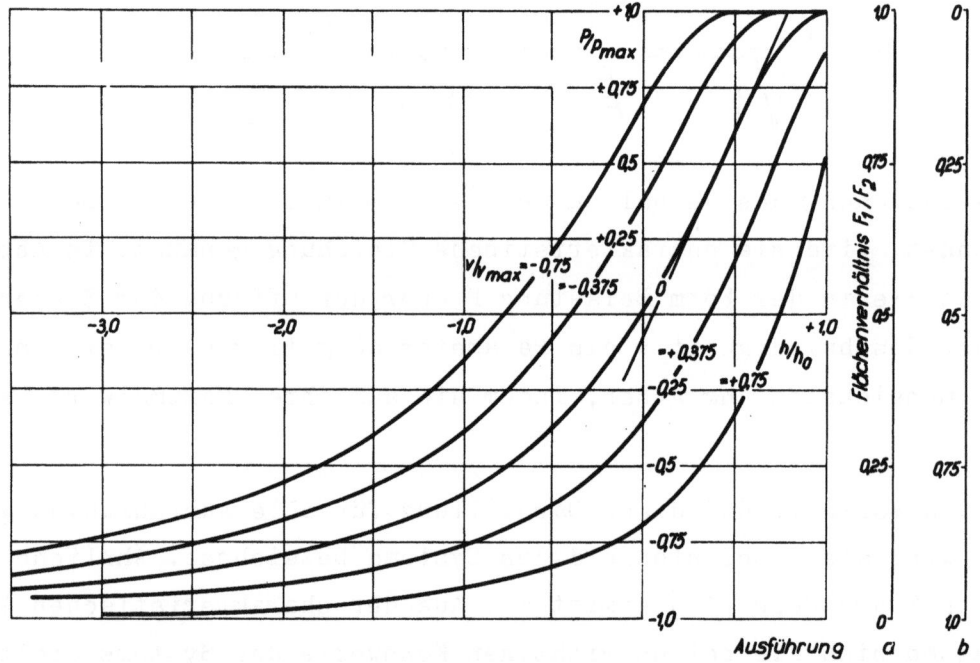

A b b i l d u n g   2

Kennlinienfeld der Einkantensteuerung

Abbildung 3 zeigt die Abhängigkeit der Kraftverstärkung E_o von dem Flächenverhältnis. Es ist ersichtlich, daß für $\alpha = 0,75$ die maximale Starrheit des Systems erreicht wird. Als weiterer Kennwert ergibt sich durch Differenzieren die Geschwindigkeitsverstärkung $C_o = \frac{\delta v}{\delta h}(p=o)$. Sie ist definiert als der Geschwindigkeitsanstieg über der Tasterauslenkung bei der Belastung Null:

$$C_o = \frac{\delta v}{\delta h (p=o)} = \frac{B \cdot \sqrt{p_1} \sqrt{\alpha}}{F_2} \left[\frac{1}{sek} \right]$$

Aus der Gleichung des Kennlinienfeldes ergibt sich, daß die Geschwindigkeit v linear über der Öffnung der Steuerkanten h_o ansteigt. C_o wächst auch mit dem Durchflußkoeffizienten B und mit der Wurzel aus dem Pumpendruck p_1. Während E_o mit F_2 wächst, wird C_o mit steigendem F_2 kleiner. Abbildung 4 zeigt die parabolische Abhängigkeit der Geschwindigkeitsverstärkung C_o von α. Aus dem Kennlinienfeld geht hervor, daß die Einkantensteuerung für Druckkräfte steifer ist als bei Zugbelastung. Zur Erzeugung von Zugkräften sind wesentlich größere Wege des Steuerschiebers notwendig.

Vertauscht man bei der Ausführung a die Lage der konstanten Drossel mit der des Steuerschiebers, so ergibt sich Ausführung b.

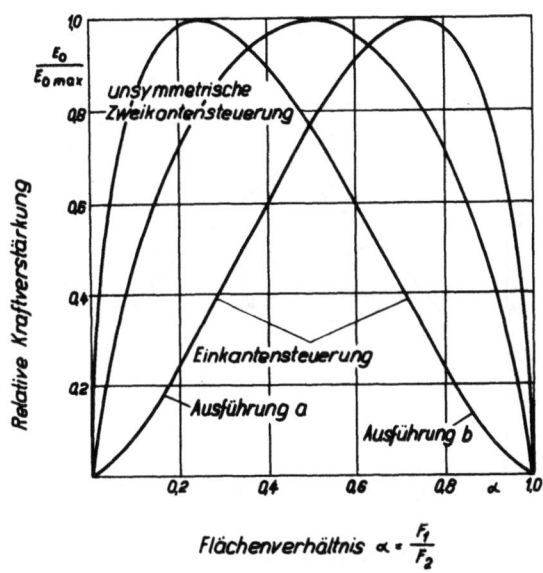

Abbildung 3
Relative Kraftverstärkung in Abhängigkeit vom
vom Flächenverhältnis α

Die charakteristische Gleichung ähnelt der von Ausführung a mit dem Unterschied, daß jeweils α durch $(1 - \alpha)$ vertauscht ist:

$$h_o = \frac{C\sqrt{p_1 \alpha - \frac{p}{F_2}}}{B\sqrt{p_1 (1-\alpha) + \frac{p}{F_2}}} - \frac{v F_2}{B\sqrt{p_1 (1-\alpha) + \frac{p}{F_2}}}$$

Entsprechend sind die Ausdrücke für die Kennwerte E_o und C_o aufgebaut:

$$E_o = \frac{\delta v}{\delta h_o}(v=0) = \frac{2Bp_1 F_2}{C}(1-\alpha)^{3/2} \cdot \alpha^{1/2} \quad \left[kg/cm\right]$$

$$C_o = \frac{\delta P}{\delta h_o}(p=0) = \frac{B\sqrt{p_1}(1-\alpha)^{1/2}}{F_2} \quad \left[\frac{1}{sek}\right].$$

Die Form des Kennlinienfeldes bleibt für Ausführung b erhalten. Wie in Abbildung 2 dargestellt, ändert sich nur der Maßstab für das Flächenverhältnis.

Die maximale Kraftverstärkung des Systems liegt in diesem Falle bei $\alpha = 1/4$, wie aus Abbildung 3 ersichtlich.

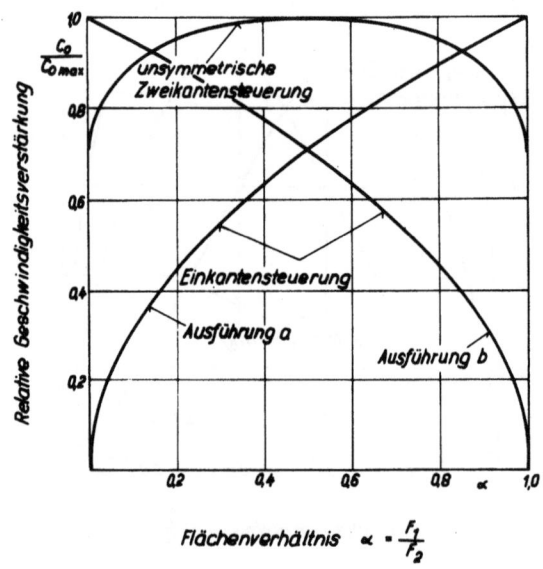

A b b i l d u n g 4

Relative Geschwindigkeitsverstärkung in
Abhängigkeit vom Flächenverhältnis α

2. Die unsymmetrische Zweikantensteuerung

Abbildung 5 zeigt zwei Ausführungsformen der unsymmetrischen Zweikantensteuerung, bei denen lediglich die Anordnung der Steuerkanten variiert ist. Die Pumpe P fördert das Drucköl auf die kleinere Fläche F_1 des Differentialkolbens, wobei das Überstromventil ÜV den Druck p_1 konstant hält. Durch den Steuerschlitz h_{o1} wird der Druck auf p_2 reduziert, welcher die große Kolbenfläche F_2 beaufschlagt. Das Öl strömt dann durch den zweiten Steuerschlitz h_{o2} ab. Das System ist nur mir Differentialkolben funktionsfähig. Es unterscheidet sich von der Einkantensteuerung dadurch, daß es statt der konstanten Drossel eine zweite, im Gegentakt arbeitende

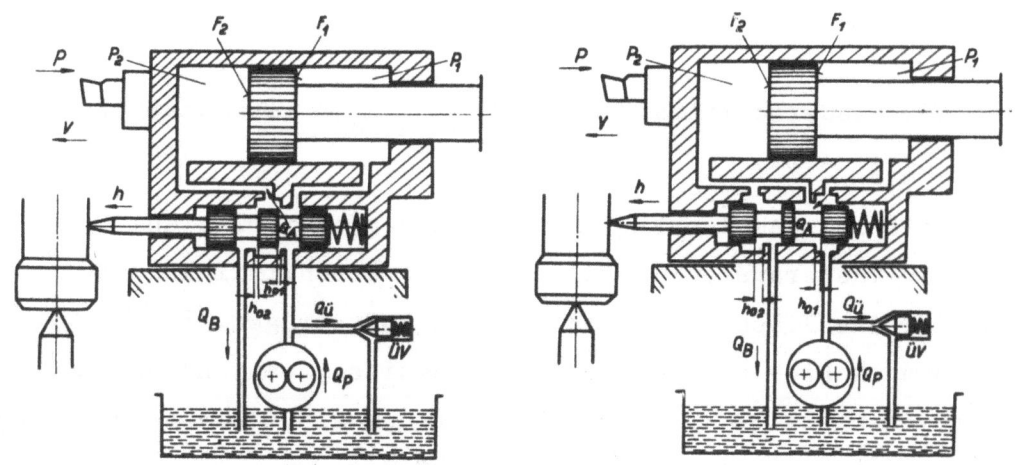

Abbildung 5

Ausführungsarten der unsymmetrischen Zweikantensteuerung

veränderliche Drossel besitzt. Die einzelnen Gleichungen des Systems sind:

$$P = p_2 F_2 - p_1 F_1 \quad \text{Gleichgewichtsbedingung}$$

$$\left. \begin{aligned} Q_A &= Q_p - Q_{\ddot{u}} + v F_1 \\ Q_B &= Q_A - v F_2 \end{aligned} \right\} \text{Kontinuitätsgleichung}$$

$$\left. \begin{aligned} Q_A &= (h_{o1} + h) B_1 \sqrt{p_1 - p_2} \\ Q_B &= (h_{o2} - h) B_2 \sqrt{p_2 - p_r} \end{aligned} \right\} \text{Durchflußgleichungen}$$

Als charakteristische Gleichung ergibt sich:

$$v = \frac{B}{F_2} \left[(h_{o1} + h) \sqrt{p_1 (1 - \alpha) - \frac{P}{F_2}} - (h_{o2} - h) \sqrt{p_1 \cdot \alpha + \frac{P}{F_2}} \right]$$

Dabei wurde der Druck in der Rückleitung vernachlässigt und $B_1 = B_2 = B$ gesetzt. Letzteres ist nur angenähert richtig, da nach neueren Untersuchungen [17] der Durchflußkoeffizient bei gleicher Druckdifferenz auch noch vom Druckniveau abhängt. Das Druckniveau ist hierbei für beide Steuerkanten verschieden. Dieser relativ geringe Einfluß sei hier vernachlässigt.

Im Gleichgewichtszustand ohne Belastung werden sich die Steuerkanten in dem Verhältnis $h_{o1}/h_{o2} = \sqrt{\frac{\alpha}{1-\alpha}}$ einstellen. Bei bekannter Pumpenfördermenge und festliegenden Steuerschieberabmessungen ergibt sich

$$h_{o1} = \frac{Q_p}{B\sqrt{p_1 (1-\alpha)}} \quad \text{beziehungsweise} \quad h_{o2} = \frac{Q_p}{B\sqrt{p_1 \cdot \alpha}}$$

Die Summe der Steuerschlitzöffnungen $(h_{o1} + h_{o2})$ ist konstant und wird gleich $2 \cdot h_o$ gesetzt.

In Abbildung 6 ist das Kennlinienfeld in der Form Belastung P/P_{max} über der relativen Tasterauslenkung h/h_o mit der Geschwindigkeit v/v_{max} als Parameter für das Flächenverhältnis $\alpha = \frac{1}{2}$ aufgetragen. Für andere α ändert sich auch hier nur die Lage der Abszisse, während der Kurvenverlauf erhalten bleibt. Die Kraftverstärkung als Steigung der Tangente an die Kurve für $v = 0$ im Nullpunkt ergibt sich zu:

$$E_o = \frac{\delta p}{\delta h}(v=0) = \frac{F_2 \cdot p_1}{h_o} \sqrt{\frac{1-\alpha}{\alpha}} \left(1 + \sqrt{\frac{1-\alpha}{\alpha}}\right)^2 \cdot \alpha^2 \left[\frac{kg}{cm}\right]$$

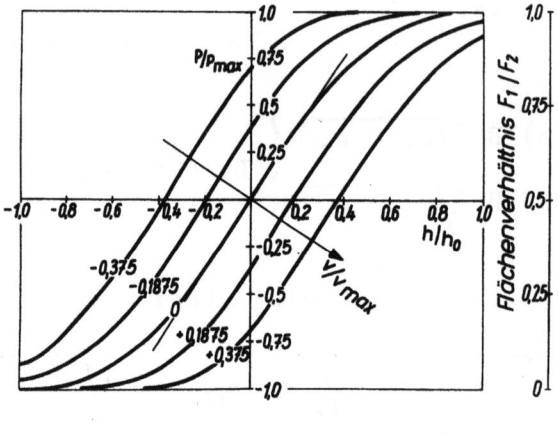

A b b i l d u n g   6

Kennlinienfeld der unsymmetrischen Zweikantensteuerung

Dabei wurde $h_{o1} = \dfrac{2h_o}{1 + \sqrt{\dfrac{1-\alpha}{\alpha}}}$ eingesetzt.

E_o wächst also mit dem Pumpendruck p_1 mit der großen Fläche F_2 und mit kleiner werdendem Steuerspalt h_o. Die Abhängigkeit der Kraftverstärkung von dem Flächenverhältnis α ist in Abbildung 3 aufgetragen. Es ergibt sich eine symmetrische Kurve, die der symmetrischen Ausbildung des Kennlinienfeldes entspricht. Sie hat für $\alpha = 0,5$ ihr Maximum, wie das auch aus dem Kennlinienfeld ersichtlich ist.

Als Geschwindigkeitsverstärkung ergibt sich:

$$C_o = \frac{\delta v}{\delta h (p=o)} = \frac{\sqrt{p_1} \cdot B}{F_2} (\sqrt{1-\alpha} + \sqrt{\alpha}) \left[\frac{1}{sek}\right]$$

Die Abhängigkeit von C_o von dem Flächenverhältnis α ist aus Abbildung 4 zu ersehen. Auch hierbei liegt das Maximum der Geschwindigkeitsverstärkung bei $\alpha = 0,5$.

Die günstigsten Kennwerte für dieses System werden also bei $\alpha = 0,5$ erreicht.

3. Die symmetrische Zweikantensteuerung

Auf Abbildung 7 sind zwei Ausführungsformen der symmetrischen Zweikantensteuerung dargestellt, die sich in der Art der Anordnung der Steuerkanten unterscheiden. Zwei Pumpen fördern Öl in die Zylinderräume 1 und 2, wo die Kolbenflächen F_1 und F_2 beaufschlagt werden. Von da aus strömt das Öl durch die Steuerschlitze h_{o1} bzw. h_{o2} zurück in den Ölsumpf. Durch die Steuerbewegung des Schiebers werden die Schlitze im Gegensinn verändert, wodurch am gedrosselten Querschnitt der Druck steigt, während er an der Gegenseite abfällt. Überschreitet der Druck in einem der Zylinderräume den am Maximaldruckventil MV_1 bzw. MV_2 eingestellten Druck, so öffnet es. Dieses System unterscheidet sich von den meisten

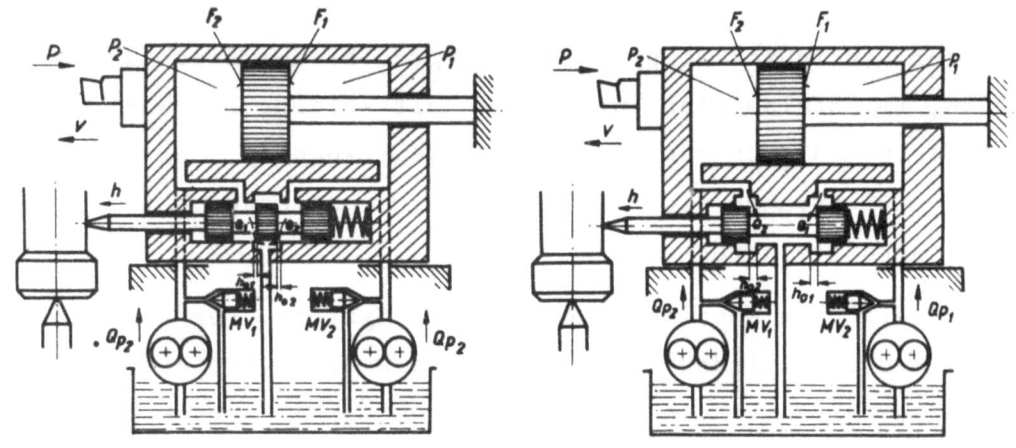

Abbildung 7

Ausführungsarten der symmetrischen Zweikantensteuerung

anderen hydraulischen Systemen dadurch, daß es mit konstanter Ölmenge arbeitet. Zur Ermittlung der charakteristischen Gleichung werden wieder die einzelnen Abhängigkeiten aufgestellt. Es ändern sich im Vergleich zu den obigen Systemen nur die Kontinuitäts- und Durchflußgleichungen

$$Q_1 = Q_{p1} - vF_1$$
$$Q_2 = Q_{p2} + vF_2$$
Kontinuitätsgleichungen

$$Q_1 = (h_{o1} + h) B_1 \sqrt{p_1 - p_r}$$
$$Q_2 = (h_{o2} - h) B_2 \sqrt{p_2 - p_r}$$
Durchflußgleichungen

Als charakteristische Gleichung ergibt sich in Zusammenfassung aller Funktionen

$$P = \frac{F_2}{B} \left[\frac{(Q_{p2} - vF_2)^2}{(h_{o2} - h)^2} - \frac{\alpha (Q_{p1} + vF_1)^2}{(h_{o1} + h)^2} \right]$$

Wie oben wurde vereinfachend eingeführt: $B_1 = B_2 = B$ und $p_r = 0$.

Bei unbelastetem Support und anliegendem Fühler werden die Kräfte beiderseits des Kolbens im Gleichgewicht sein, und die Steuerkantenöffnungen stellen sich nach dem Verhältnis $\frac{h_{o1}}{h_{o2}} = \sqrt{\frac{F_1}{F_2}} \cdot \frac{Q_{p1}}{Q_{p2}}$ ein. Da es sich meist um eine Doppelpumpe mit zwei gleichen Fördermengen handelt ($Q_{p1} = Q_{p2}$), wird also $\frac{h_{o1}}{h_{o2}} = \sqrt{\frac{F_1}{F_2}} = \sqrt{\alpha}$ sein. Bei bekannter Pumpenfördermenge und festliegenden Abmessungen des Steuerkolbens ergibt sich $h_{o1} = \frac{Q_p}{B\sqrt{p_{1,0}}}$ oder $h_{o2} = \frac{Q_p}{B\sqrt{p_{2,0}}}$.

Dabei muß der Leerlaufdruck $p_{1,0}$ oder $p_{2,0}$, d.h. der Druck auf einer Kolbenseite, im unbelasteten Zustand gewählt werden. Der Wert darf nicht zu niedrig sein, da sich sonst zu große Steuerwege h_{o1} bzw. h_{o2} ergeben. Jedoch soll er auch nicht zu hoch liegen, da dadurch im unbelasteten Zustand unnötige Wärme erzeugt wird.

Abbildung 8 zeigt das Kennlinienfeld dieses Systems. Der Anstieg der Kurve für $v = 0$ im Nullpunkt kennzeichnet die Kraftverstärkung. Die Kurven haben progressiven Anstieg bis zu dem Punkt, an dem ein Maximaldruckventil öffnet. Von da ab ist der Kraftanstieg sehr gering, da nur noch das Öffnen der Gegenkante Einfluß hat. Unberücksichtigt bleibt bei dieser Darstellung das Absinken der Pumpenfördermenge bei Belastung, bedingt durch Drehzahlabfall des Antriebsmotors und Schlupf der Pumpe. Dadurch wird der Kraftanstieg bei einem ausgeführten System nicht in dem Maße progressiv verlaufen. Die Tangente im Nullpunkt für die Kurve $v = 0$ schmiegt sich der Kurve im Bereich $\pm 1/2 \; P/P_{max}$ gut an. Bei $\frac{1}{2} \cdot \frac{P}{P_{max}}$ ist der Fehler ca. 15 %.

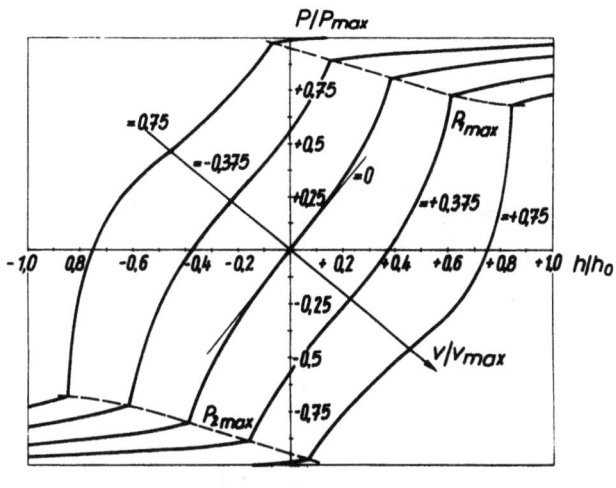

Abbildung 8

Kennlinienfeld der symmetrischen Zweikantensteuerung

Die Kraftverstärkung ergibt sich zu:

$$E_0 = \frac{\delta p}{\delta h} (v=0) = \frac{p_0 \cdot F_2}{h_0} \; \frac{\alpha \cdot (1+\sqrt{\alpha})(1+\frac{1}{\sqrt{\alpha}})^3}{4} \; kg/cm$$

Dabei ist:

$$p_0 = \frac{Q_p^2}{B^2 \cdot h_0^2} \quad und \quad h_0 = \frac{h_{01}(1+\frac{1}{\sqrt{\alpha}})}{2}.$$

Die Abhängigkeit der Kraftverstärkung E_0 von dem Flächenverhältnis α ist in Abbildung 9 dargestellt. Es zeigt sich, daß für $\alpha = 1$ der größte Wert für E_0 mit $\frac{4 p_0 \cdot F_2}{h_0}$ erreicht wird. Für Änderung von α fällt dieser Wert stetig ab.

Im Gegensatz zu den beiden oben besprochenen unsymmetrischen Systemen bleibt bei symmetrischen bei Änderung von α das Kennlinienfeld nicht in seiner ursprünglichen Form erhalten, sondern es ändert sich in der Weise, daß auf der Seite der kleineren Fläche die Maximalkraft im gleichen Verhältnis wie diese Fläche kleiner wird, während sie auf der anderen Seite erhalten bleibt.

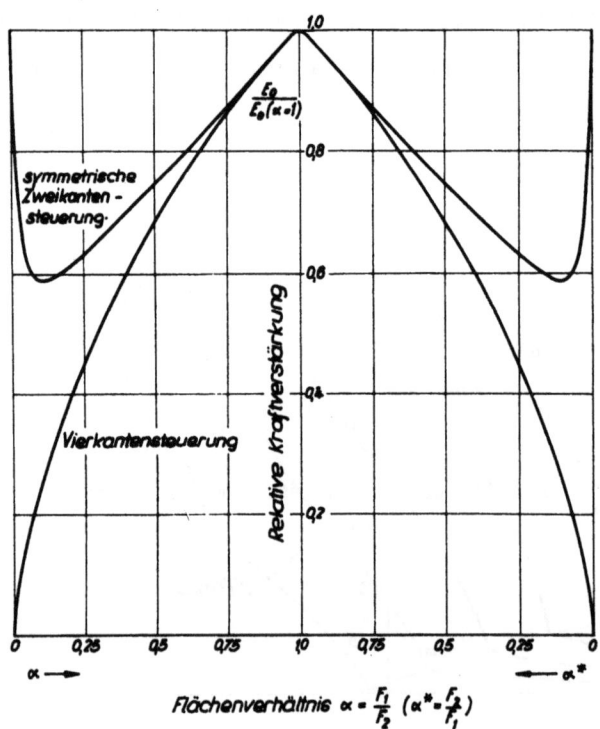

Abbildung 9
Relative Kraftverstärkung in Abhängigkeit
vom Flächenverhältnis α

In Abbildung 10 ist die Verschiebung der Kurve $\frac{\delta P}{\delta h(v=o)}$ bei Änderung des Flächenverhältnisses α dargestellt. Es ist ersichtlich, daß die Kraftverstärkung E_o - jeweils gekennzeichnet durch die Tangente bei der Belastung $\frac{P}{P_{max}} = 0$ - für $\alpha \neq 1$ kleiner wird.

Wie sich aus der charakteristischen Gleichung ableiten läßt, ist die Leerlaufgeschwindigkeit proportional der Fühlerauslenkung h. Die Geschwindigkeitsverstärkung ergibt sich als Steigung einer Geraden zu

$$C_o = \frac{Q_p \ (1+\sqrt{\alpha})^2}{2 h_o F_2 \ (1+\alpha)\sqrt{\alpha}} \ \left[1/sek\right]$$

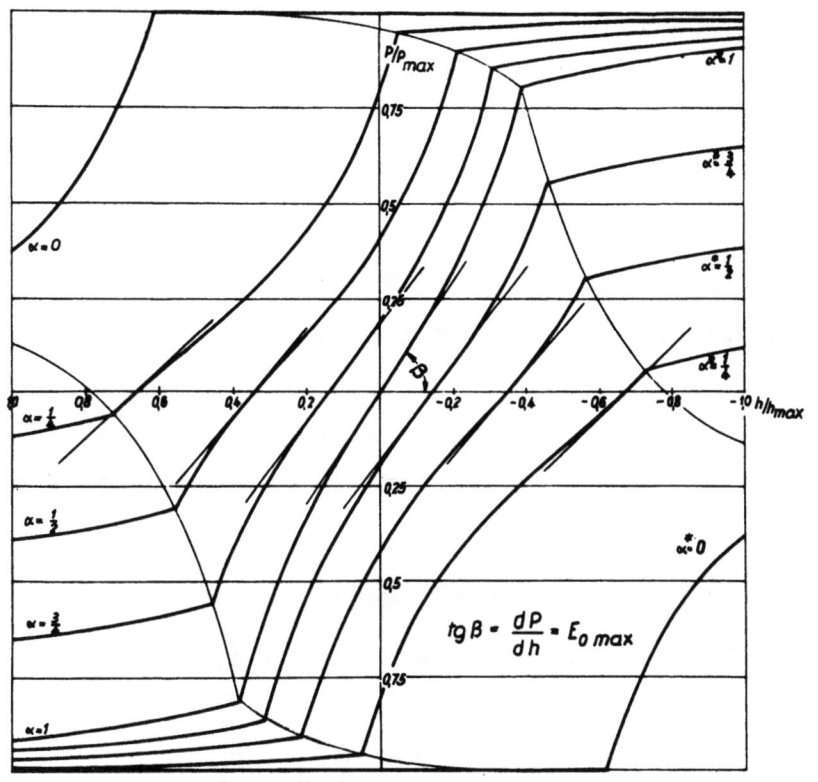

Abbildung 10

Verschiebung der Kurve $\frac{dP}{dh}_{(v=0)}$ durch Änderung des Flächenverhältnisses α

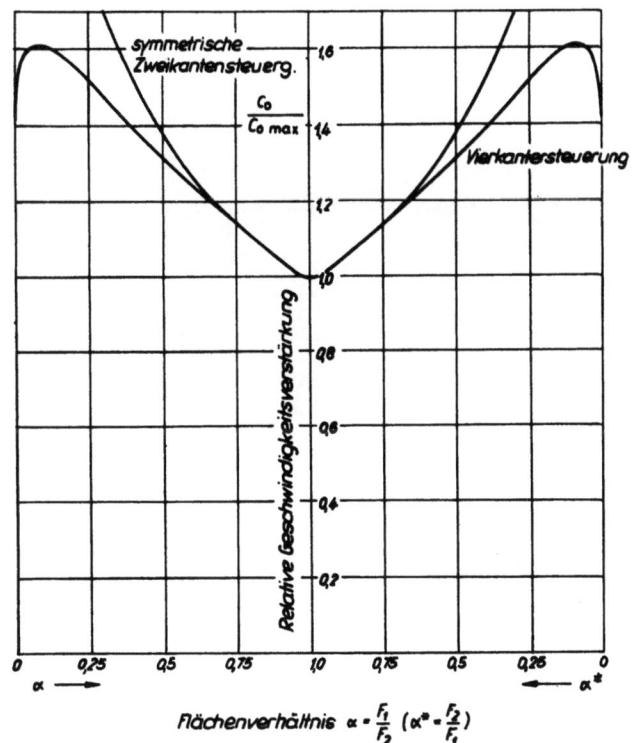

Abbildung 11

Relative Geschwindigkeitsverstärkung in Abhängigkeit vom Flächenverhältnis α

Abbildung 11 zeigt den Verlauf von C_o über dem Flächenverhältnis. Für dieses System ist nur für $\alpha = 1$ oder annähernd $= 1$ C_o konstant, d.h. der Verlauf der Geschwindigkeit ist nur für diesen α-Wert linear über der Tasterauslenkung h.

4. Die symmetrische Vierkantensteuerung

Bei der Vierkantensteuerung, die auf Abbildung 12 schematisch aufgezeichnet ist, beteiligen sich an der Steuerung des Ölstromes vier Kanten. Der Druck p_o wird von einem Überstromventil konstant gehalten. Für jede Kolbenseite fließt die zu- bzw. abströmende Ölmenge über je eine Steuerkante.

Es ergeben sich vier Durchflußgleichungen:

$$Q_1 = (h_{o1} - h) B \cdot \sqrt{p_o - p_1}$$
$$Q_2 = (h_{o2} + h) B \cdot \sqrt{p_1 - p_r}$$
$$Q_3 = (h_{o2} + h) B \cdot \sqrt{p_o - p_2}$$
$$Q_4 = (h_{o1} - h) B \cdot \sqrt{p_2 - p_r}$$

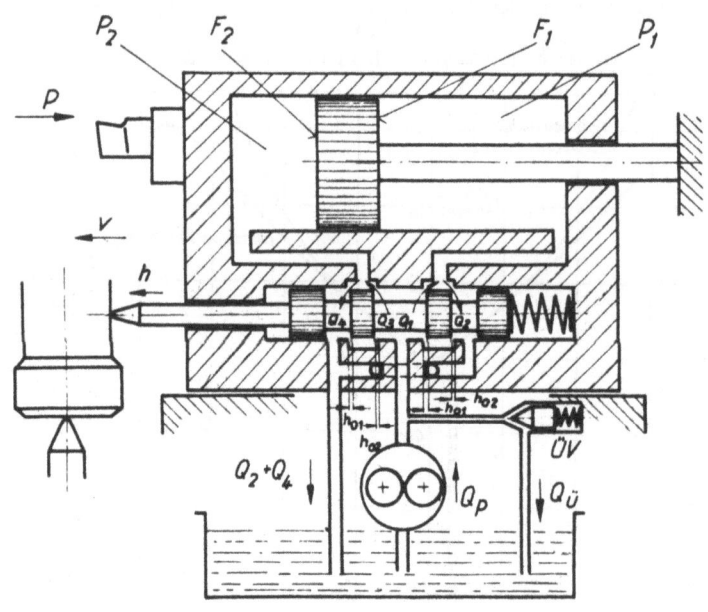

Abbildung 12
Schema der Vierkantensteuerung

Nach der Kontinuitätsbedingung stehen die Ölmengen in einer bestimmten Beziehung zueinander:

$$Q_2 = Q_1 + v \cdot F_1$$
$$Q_4 = Q_3 - v \cdot F_2$$

Für die Geschwindigkeit Null ergibt sich, daß $Q_2 = Q_1$ und $Q_4 = Q_3$ sein muß. Mit diesen Beziehungen läßt sich nachweisen, daß dann

$$p_0 = p_1 + p_2$$

ist. Unter Benutzung der Gleichgewichtsbedingung erhält man für $p_1 = \dfrac{p_0 - P/F_2}{1 + \alpha}$ und $p_2 = \dfrac{\alpha \cdot p_0 + P/F_2}{1 + \alpha}$. Als Verhältnis der Steuerkantenöffnungen ergibt sich $h_{o1}/h_{o2} = \sqrt{\dfrac{1}{\alpha}}$, wobei wieder $\alpha = \dfrac{F_1}{F_2}$ ist. Alle diese Beziehungen setzen aber voraus, daß die Längsabmessungen der Steuerkanten des Steuerschiebers und der Ringnuten in der Bohrung genau übereinstimmen. Die Werte für h_{o1} und h_{o2} müssen auf beiden Seiten genau gleich groß sein. Das bedingt das Einhalten geringster Längs- und Durchmessertoleranzen. Jedoch gibt es auch Möglichkeiten, das Einhalten der genauen Längstoleranzen, was die größte Schwierigkeit bereitet, durch geeignete konstruktive Maßnahmen zu umgehen.

Als charakteristische Gleichung des Systems erhält man:

$$v = \frac{2}{F_1 + F_2}\left[(h_{o2} + h)B\sqrt{\frac{p_0 - \dfrac{P}{F_2}}{1 + \alpha}} - (h_{o1} - h)B\sqrt{\frac{p_0 \cdot \alpha + P/F_2}{1 + \alpha}}\right]$$

Auf Abbildung 13 ist das Kennlinienfeld dieses Systems für $\alpha = 1$ aufgetragen. Es zeigt sich, daß es dieselbe Form wie das der unsymmetrischen

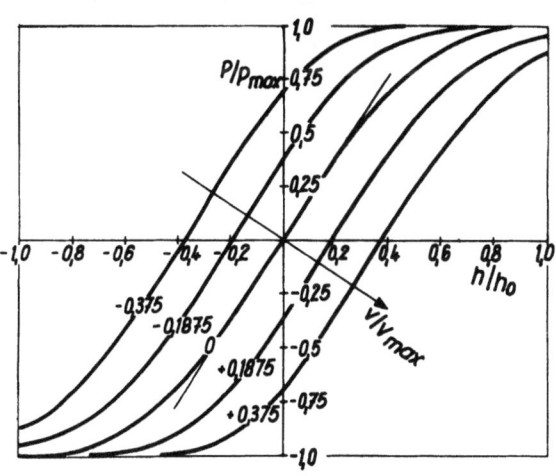

A b b i l d u n g   13
Kennlinienfeld der Vierkantensteuerung

Zweikantensteuerung besitzt. Es ist auch symmetrisch ausgebildet, d.h. für Druck und Zug hat es die gleiche Starrheit. Als Kraftverstärkung ergibt sich durch Differenzieren:

$$E_0 = \frac{\delta p}{\delta h}_{(v=0)} = \frac{p_0 F_2}{h_0} \frac{(1+\sqrt{\alpha})^2 \cdot \sqrt{\alpha}}{(1+\alpha)} \left[\frac{kg}{cm}\right].$$

Die Tangente im Nullpunkt schmiegt sich der Kurve für $v = 0$ sehr gut an. Bei $\frac{P}{P_{max}} = \frac{1}{2}$ beträgt der Fehler nur $8 \div 9\,\%$. Die Änderung von E_0 mit dem Flächenverhältnis ist in Abbildung 9 dargestellt. Es zeigt sich, daß für $\alpha = 0,75$ E_0 um ca. 14 %, für $\alpha = 0,5$ E_0 um ca. 32 % kleiner ist. Für $\alpha = 1$ hat die Kraftverstärkung ihren Maximalwert mit $E_0 = \frac{2 p_0 \cdot F_2}{h_0} [kg/cm]$. Wie bei der symmetrischen Zweikantensteuerung ändert sich mit dem Flächenverhältnis die Form des Kennlinienfeldes.

In Abbildung 14 ist die Verschiebung der Kurve $\frac{\delta P}{\delta h}_{(v=0)}$ bei Änderung des Flächenverhältnisses α dargestellt. Auch hier ist wie bei der symmetrischen Zweikantensteuerung zu ersehen, daß die Kraftverstärkung E_0 - jeweils gekennzeichnet durch die Tangente bei der Belastung $\frac{P}{P_{max}} = 0$ - für $\alpha \neq 1$ kleiner wird. Außerdem ändert sich mit dem Flä-

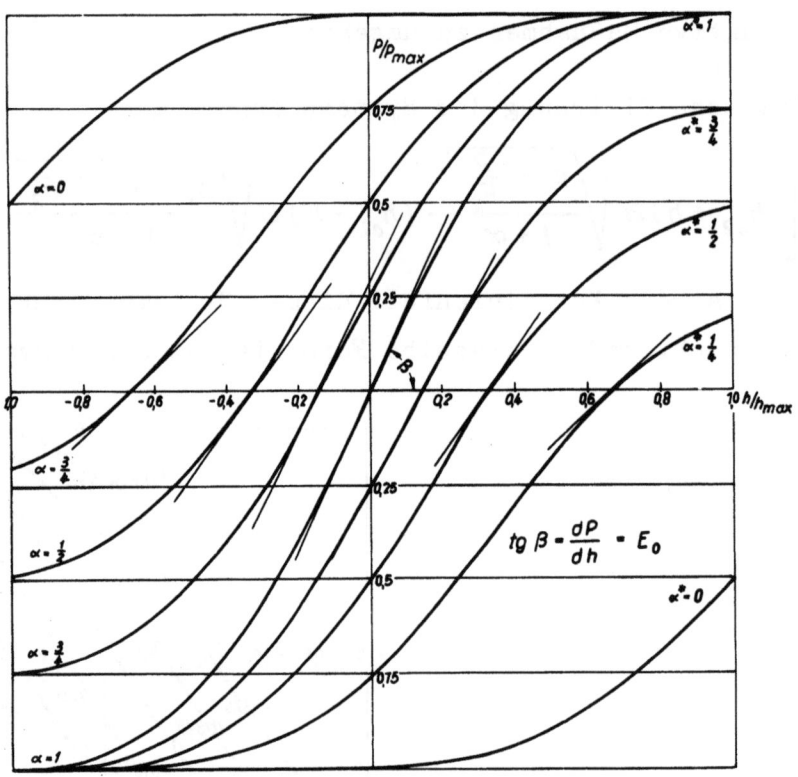

Abbildung 14

Verschiebung der Kurve $\frac{dP}{dh}_{(v=0)}$ durch Änderung des Flächenverhältnisses α

chenverhältnis α die Form des Kennlinienfeldes in der Weise, daß die Maximalkraft auf der Seite der kleineren Fläche proportional α kleiner wird. Die Geschwindigkeit wächst auch hier linear mit h, so daß als Geschwindigkeitsverstärkung sich ergibt:

$$C_o = \frac{2 \cdot B\sqrt{p_o}}{F_2} \cdot \frac{(1+\sqrt{\alpha})}{(1+\alpha)^{3/2}} \left[\frac{1}{sek}\right]$$

Für $\alpha = 1$ ergibt sich

$$C_o = \frac{B\sqrt{p_o}}{F_2} \cdot \frac{\sqrt{2}}{2} \left[\frac{1}{sek}\right] .$$

Abbildung 11 zeigt die Änderung von C_o mit dem Flächenverhältnis α. Für $\alpha \neq 1$ steigt C_o an.

5. Zusammenfassung

Die Bedeutung der oben ermittelten Kennlinienfelder und Kennwerte der einzelnen Steuerungen liegt darin, daß sie dem Konstrukteur Kenntnis verschaffen, wie sich das verwendete System im stationären Zustand verhält und durch Veränderung welcher Größen er die Kennwerte Kraftverstärkung E_o und Geschwindigkeitsverstärkung C_o beeinflussen kann. Wie oben erwähnt, sind die verwendeten Durchflußgleichungen nur näherungsweise richtig. Von verschiedenen Forschern wurden empirische Gleichungen ermittelt, die den wirklichen Verlauf besser wiedergeben [3]. Es ist eine Arbeit in Angriff genommen, in der eine Korrektur der vorliegenden Kennfelder mit Hilfe dieser empirischen Gleichungen vorgenommen werden soll. Jedoch gestaltet sich die analytische Behandlung sehr schwierig, da bei diesen Durchflußgleichungen der Exponent der Druckdifferenz nicht konstant, sondern von der Öffnung der Steuerkanten abhängig ist.

In der nachfolgenden Tabelle sind alle vier Systeme mit ihren Kennwerten aufgeführt:

	Kraftverstärkung E_o	Geschwindigkeitsverstärkung C_o
Unsymmetrische Einkantensteuerung - Ausführung a -	$\dfrac{2B\, p_1\, F_2}{C}(1-\alpha)^{1/2} \cdot \alpha^{3/2}$	$\dfrac{B\sqrt{p_1}}{F_2}\sqrt{\alpha}$
Unsymmetrische Einkantensteuerung - Ausführung b -	$\dfrac{2B\, p_1\, F_2}{C}(1-\alpha)^{3/2} \cdot \alpha^{1/2}$	$\dfrac{B\sqrt{p_1}}{F_2}\sqrt{1-\alpha}$
Unsymmetrische Zweikantensteuerung	$\dfrac{F_2 p_1}{h_o}\sqrt{\dfrac{1-\alpha}{\alpha}}\left(1+\sqrt{\dfrac{1-\alpha}{\alpha}}\right)^2 \cdot \alpha^2$	$\dfrac{B\sqrt{p_1}}{F_2}\left(\sqrt{1-\alpha}+\sqrt{\alpha}\right)$
Symmetrische Zweikantensteuerung	$\dfrac{F_2 p_o}{h_o}\dfrac{(1+\sqrt{\alpha})(1+\frac{1}{\sqrt{\alpha}})^3}{4}$	$\dfrac{Q_p\,(1+\sqrt{\alpha})^2}{2\, h_o \cdot F_2 \cdot (1+\alpha)\sqrt{\alpha}}$
Symmetrische Vierkantensteuerung	$\dfrac{F_2 p_o}{h_o}\dfrac{(1+\sqrt{\alpha})^2\sqrt{\alpha}}{(1+\alpha)}$	$\dfrac{2B\sqrt{p_o}}{F_2}\dfrac{(1+\sqrt{\alpha})}{(1+\alpha)^{3/2}}$

Diese Ausdrücke vereinfachen sich wesentlich, wenn das Flächenverhältnis α bei den unsymmetrischen Systemen $\frac{1}{2}$ und bei den symmetrischen 1 gesetzt wird. Es ergibt sich dann folgende Tabelle:

	α	Kraftverstärkung	Geschwindigkeitsverstärkung C_o
Unsymmetrische Einkantensteuerung -Ausführung a u. b -	0,5	$\dfrac{p_1\, B\, F_2}{2\, C}$	$\dfrac{B\sqrt{p_1}}{F_2\sqrt{2}}$
Unsymmetrische Einkantensteuerung - Ausführung a -	0,75	$\dfrac{3\sqrt{3}}{8}\dfrac{B\, p_1 F_2}{C}$	$\dfrac{B\sqrt{p_1}\sqrt{3}}{2\, F_2}$
Unsymmetrische Einkantensteuerung - Ausführung b -	0,25	$\dfrac{3\sqrt{3}}{8}\dfrac{B\, p_1 F_2}{C}$	$\dfrac{B\sqrt{p_1}\sqrt{3}}{F_2}$
Unsymmetrische Zweikantensteuerung	0,5	$\dfrac{p_1 \cdot F_2}{h_o}$	$\dfrac{\sqrt{p_1}\,B}{F_2}\sqrt{2}$
Symmetrische Zweikantensteuerung	1	$4\,\dfrac{p_o\, F_2}{h_o}$	$\dfrac{Q}{h_o \cdot F_2}$
Symmetrische Vierkantensteuerung	1	$2\,\dfrac{p_o\, F_2}{h_o}$	$\dfrac{\sqrt{p_o}\,B}{F_2}\sqrt{\dfrac{2}{2}}$

Aus dieser Tabelle geht die Verwandtschaft zwischen unsymmetrischer Zweikantensteuerung und symmetrischer Vierkantensteuerung hervor. Bei gleichem Pumpendruck wird bei der Vierkantensteuerung die doppelte Maximalkraft und auch die doppelte Kraftverstärkung erreicht. Dagegen ist die Geschwindigkeitsverstärkung bei der unsymmetrischen Zweikantensteuerung doppelt so groß wie bei der Vierkantensteuerung.

Es sei noch erwähnt, daß die errechneten Kennwerte noch nicht die Funktionsfähigkeit eines Systems garantieren. Diese hängt außerdem von vielen anderen Faktoren ab; etwa von dem Aufbau der einzelnen Elemente, von den Reibungsverhältnissen, von den bewegten Massen usw. Diese Einflüsse werden durch Versuche an ausgeführten Geräten ermittelt.

II. Untersuchungen im stationären Zustand

Die nachfolgenden Ausführungen behandeln die im Laboratorium für Werkzeugmaschinen angewandte Versuchsmethodik sowie Versuchsergebnisse, die an von Firmen zur Verfügung gestellten Kopiergeräten ermittelt wurden. Dabei wird nicht auf das Aggregat selbst, sondern auf die Art der Versuchsdurchführung und die allgemeingültigen Ergebnisse und Tendenzen eingegangen.

1. Die Geschwindigkeitsverstärkung C_o

Zur Messung der Supportgeschwindigkeit über der Tasterauslenkung wird der Taster mittels Mikrometerschraube relativ zum Schlitten verstellt. Füt jede Tasterauslenkung h ergibt sich eine Supportgeschwindigkeit, die gemessen wird. Zur Messung der Zeit, während der die Meßstrecke s durchlaufen wird, dient eine von einem Endschalter geschaltete elektrische Uhr. In Abbildung 15 sind die Meßanordnung sowie der Verlauf der Supportgeschwindigkeit über der Tasterauslenkung für ein untersuchtes System dargestellt.

Es zeigt sich, daß die Supportgeschwindigkeit über einen weiten Bereich linear mit der Tasterauslenkung ansteigt, so daß die Steigung der Tangente für $v = o$ als ein Maß des Geschwindigkeitzuwachses über der Auslenkung angesehen werden kann. Um den Ursprungspunkt ergibt sich ein Bereich, in dem eine Tasterauslenkung keine Supportbewegung hervorruft, die Umkehrspanne.

Der Wert $C_o = \frac{\delta v}{\delta h}(P=o)$ ist ein wichtiger Kennwert des Systems. Er hängt von verschiedenen Parametern der Anlage ab, vor allem vom Pumpendruck und von den Durchflußkoeffizienten des Steuerschiebers. Die Werte für die Geschwindigkeitsverstärkung C_o sind recht unterschiedlich. Bei den bisher untersuchten Aggregaten lag C_o bei 100 bis 600 $\frac{mm}{sek}$/mm.

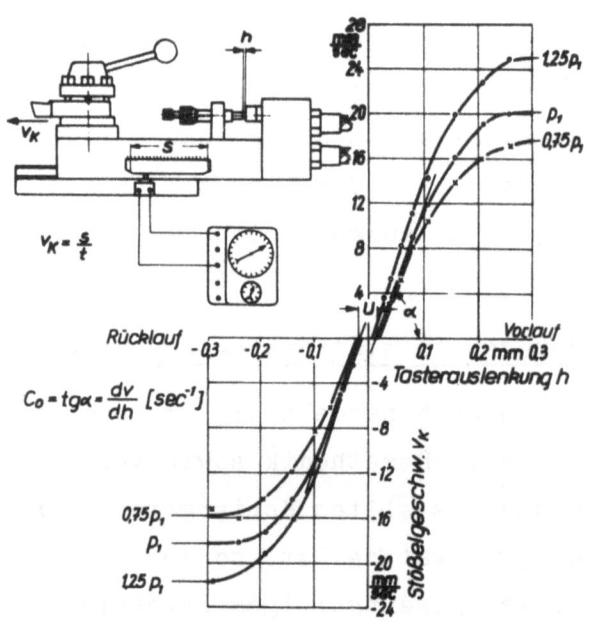

Abbildung 15

Supportgeschwindigkeit über der Tasterauslenkung
mit Meßanordnung

Die Geschwindigkeitsverstärkung C_o ist ausschlaggebend für den sogenannten Geschwindigkeitsfehler. Er bewirkt, daß sich das Profil in Längsrichtung verschiebt, wie es in Abbildung 16 dargestellt ist, und zwar ist die Längsverlagerung um so kleiner, je größer C_o ist.
Auf diese Frage wird im Abschnitt III näher eingegangen.

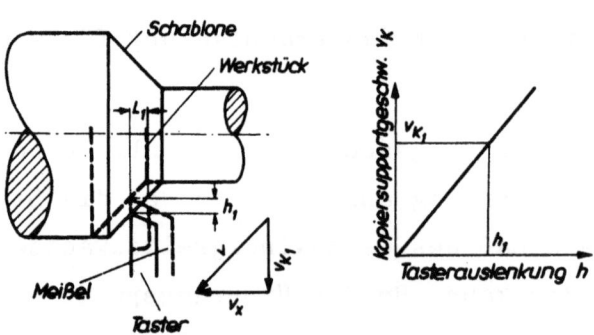

Abbildung 16

Längsverlagerung der geneigten Kontur beim Kopieren

2. Die Kraftverstärkung E_o

Durch die Tasterauslenkung h wird nicht nur die Supportgeschwindigkeit hervorgerufen, sondern auch eine Kraft P, die zur Aufnahme der Schnittkraftkomponente dient. Unter Kraftverstärkung E_o des Systemes versteht man den Kraftzuwachs pro μ Tasterauslenkung. Als Maß dafür wird wieder die Steigung der Tangente für P = 0 angenommen, da der Kraftanstieg über einen großen Bereich linear verläuft.

Die Meßanordnung ist aus Abbildung 17 ersichtlich. Der Taster wird wieder relativ zum Support ausgelenkt und die sich einstellende Kraft mit Meßbügel gemessen. Auch hierbei zeigt sich eine Hysterese, die durch Reibungseinfluß und Spiel in den Übertragungsorganen bedingt ist. Die bei den Versuchen gemessenen Kraftverstärkungsfaktoren schwanken je nach Größe der Kopieraggregate zwischen 2 und 20 kg/μ.

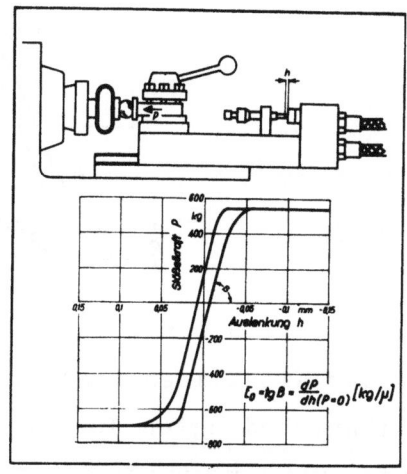

A b b i l d u n g   17
Messung der Kraftverstärkung

Das Ergebnis ist noch besser zu übersehen, wenn gleichzeitig Druckmessungen auf beiden Kolbenseiten durchgeführt werden, wie das auf Abbildung 18 für eine Vierkantensteuerung aufgetragen ist. Neben dem Kraftverlauf, der sich durch die Kraftmessung ergibt, läßt sich mit Hilfe der indizierten Drücke eine zweite "indizierte" Kraftkurve zeichnen, die um die Reibungskraft höher liegt als die mit Kraftbügel gemessene Kraft. So erhält man die Größe der Reibungskraft, die von der Art der Führungen, von der Passung von Zylinder und Kolben wie überhaupt von der fertigungstechnischen Erstellung des Gerätes abhängt. Außerdem läßt sich die Nichtlinearität in zwei Anteile aufteilen:

1) der Anteil U_{sp} zwischen ansteigendem und abfallendem Ast des indizierten Kraftverlaufes ist bedingt durch Spiel in den Übertragungsorganen von Taster zum Steuerkolben und durch deren Deformation unter der wechselnden Tasterkraft, sowie durch positive Überdeckung der Steuerkanten.

2) der Anteil $\pm U_R = \pm \dfrac{R_o}{E_o}$ resultiert aus der Reibung des Schlittens in den Führungen sowie des Kolbens im Zylinder. Dieser Anteil wird um so kleiner, je größer die Kraftverstärkung E_o ist, da für ein größeres E_o kleinere Tasterausschläge h die Reibungskraft R_o überwinden.

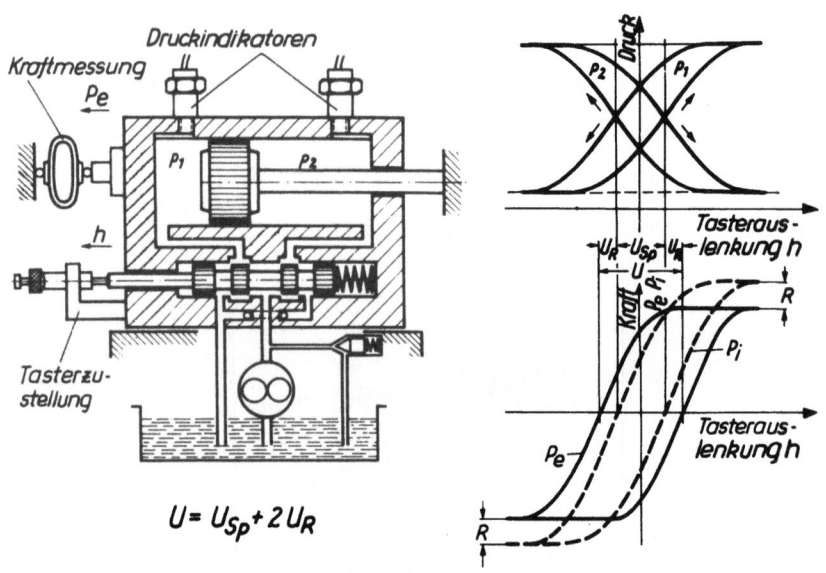

Abbildung 18

Aufteilung der Nichtlinearität in spiel- und reibungsbedingten Anteil

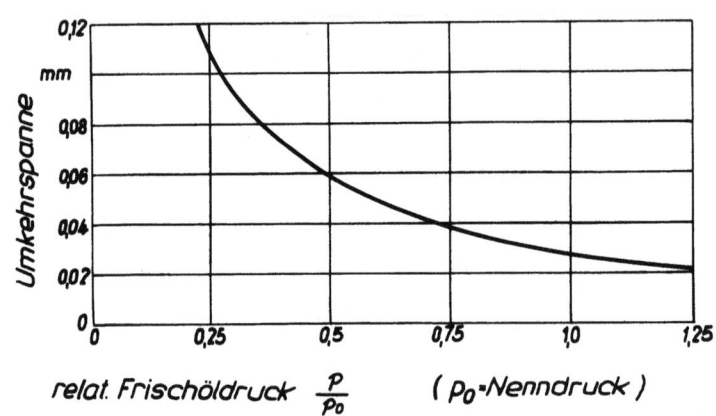

Abbildung 19

Umkehrspanne eines Aggregates über dem Pumpendruck p

Abbildung 19 zeigt die Umkehrspanne eines Systems über dem Pumpendruck p. Da E proportional dem Pumpendruck p ist, fällt der Anteil U_R der

Umkehrspanne mit steigendem p. Als gesamte Umkehrspanne ergibt sich somit:

$$U = 2|U_R| + U_{sp}$$

Sie wurde bei den Untersuchungen in der Größenordnung von $\pm$ 0,002 bis $\pm$ 0,05 mm gemessen.

3. Das linearisierte Kennfeld

Wie oben angeführt wurde, werden sowohl Geschwindigkeit als auch Kraft durch dieselbe Tasterauslenkung erzeugt. Durch die beiden Größen Geschwindigkeitsverstärkung C_o und Kraftverstärkung E_o sind die Sonderfälle bestimmt: zum einen Leerlaufgeschwindigkeit ohne Belastung und zum anderen Belastung ohne Geschwindigkeit. Es erhebt sich die Frage, wie sich beide Einflüsse superponieren, wenn von dem bewegten Support eine Kraft aufgenommen werden muß. Dies ist bei der Bearbeitung häufig der Fall. Zur Klärung dieser Frage wurde ein Versuchsaufbau gewählt, wie er aus Abbildung 20 hervorgeht. Am Meßkraftbügel wird entsprechend der mittels Mikrometerschraube eingestellten Tasterauslenkung eine bestimmte Kraft gemessen. Läßt man nun den Tisch mit konstanter Geschwindigkeit v_k zurückfahren, so bewegt sich der Kopiersupport mit gleicher Geschwindigkeit nach vorn.

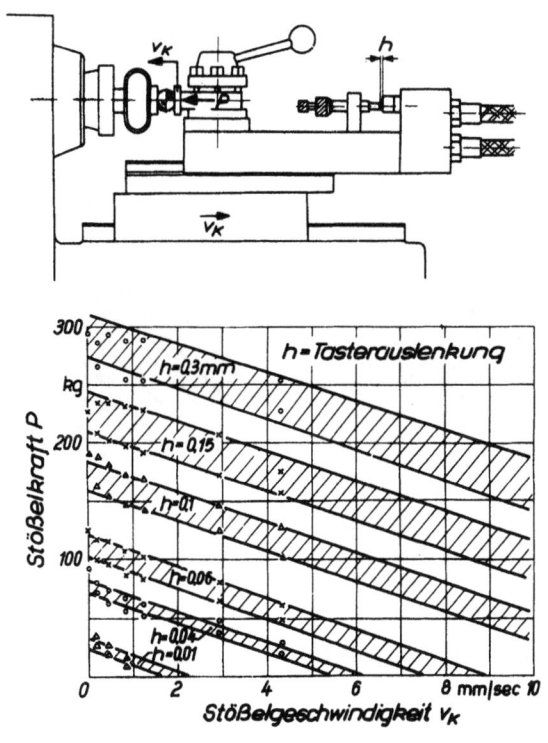

A b b i l d u n g   20

Messung der Kennlinien eines Systems

Die dabei gemessene Kraft P liegt um so tiefer, je größer die Geschwindigkeit v_k ist. Aus dem Diagramm geht hervor, daß die Abhängigkeit zwischen Belastung P und Geschwindigkeit v_k mit der Tasterauslenkung h als Parameter linear ist. Für verschiedene Tasterauslenkungen ergibt sich eine Schar paralleler Geraden. Der für jedes h eingezeichnete Bereich erklärt sich aus schwankendem Reibungseinfluß über der Meßstrecke.

Diese Messung bestätigt den errechneten Verlauf der Kennlinienfelder im ersten Teil, die sich im Bereich $\pm \frac{1}{2} \frac{P}{P_{max}}$ gut angenähert als eine Schar paralleler Geraden ergaben. Für diesen Bereich läßt sich das Kennlinienfeld in einfacher Weise linearisieren zu:

$$h = \frac{v_k}{C_o} + \frac{P}{E_o} \text{ cm };$$

d.h., für ein System mit den Kennwerten C_o und E_o setzt sich die Tasterauslenkung h aus zwei Anteilen zusammen: der eine Anteil ist der schon behandelte Geschwindigkeitsfehler $\frac{v_k}{C_o}$, der bei Konturneigungen auftritt und eine Längsverlagerung des Profils verursacht. Das zweite Glied $\frac{P}{E_o}$ ist durch die Rückfederung des Systems unter der Kraft P zu erklären.

Abbildung 21 zeigt das Kennlinienfeld eines hydraulischen Systems in zwei verschiedenen Darstellungen: erstens Belastung P über Geschwindigkeit v_k mit der Tasterauslenkung h als Parameter und zweitens Belastung

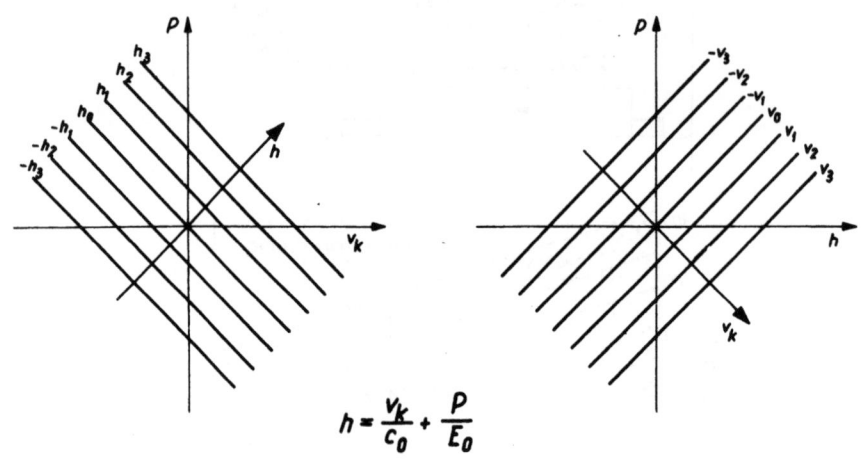

Abbildung 21
Linearisierte Kennlinienfelder

P über Tasterauslenkung h mit der Geschwindigkeit v_k als Parameter. Letztere Darstellung hat den Vorteil, daß um die Gerade $v_k = 0$ das Feld der Umkehrspanne für verschiedene Belastungen aufgezeichnet werden kann. Mit diesem recht einfachen Ausdruck $h = \frac{v_k}{C_o} + \frac{P}{E_o}$ läßt sich für ein ideales System mit den bekannten Größen C_o und E_o und den Werten für die Belastung P und die Geschwindigkeit v_k, die aus den Zerspanungsbedingungen und der Schablonenform hervorgehen, für jede Werkstückkontur die Tasterauslenkung h ermitteln.

III. Bearbeitungsversuche

1. Versuche mit einer Stufenschablone

In der Praxis interessiert hauptsächlich das Arbeitsergebnis eines Nachformaggregates. Neben den Eigenschaften des Gerätes gehen natürlich auch Einflüsse der Maschine, des Werkstückes und des Werkzeuges mit in das Arbeitsergebnis ein. Diese sollen hier aber nicht betrachtet werden, sondern nur die Einflüsse, die vom Nachformaggregat herrühren.

Während die Versuche im stationären Zustand an der stillstehenden Maschine vorgenommen werden, erfolgt der Einsatz des Aggregates auf der laufenden Maschine. Die Schwingungen des Motors und Getriebes sowie die beim Zerspanen entstehenden Pulsationen wirken günstig auf das Verhalten des Aggregates, indem sie die Reibungskräfte in den Führungen und Gelenken verringern.

Wie unter Abschnitt II gezeigt, ist das Verhalten eines Systems im stationären Zustand durch die beiden Kennwerte: Geschwindigkeitsverstärkung C_o und Kraftverstärkung E_o gekennzeichnet.

Abweichend vom idealen System besitzen die ausgeführten Aggregate Nichtlinearitäten um den Nullpunkt, wie das in Abbildung 22 dargestellt ist. Einmal muß beim Wechsel der Geschwindigkeitsrichtung die Umkehrspanne durchfahren werden, in deren Bereich eine Verstellung des Tasters keine Geschwindigkeit erzeugt. Bei der Ermittlung des Kraftanstieges über der Tasterauslenkung ergibt sich eine Hysterese. Umkehrspanne und Hysterese sind auf die gleichen Ursachen zurückzuführen, wie in dem vorigen Abschnitt dargelegt wurde.

Diese Nichtlinearitäten hydraulischer Kopiersysteme bedingen sowohl Fehler in den Längsabmessungen als auch Durchmesserfehler.

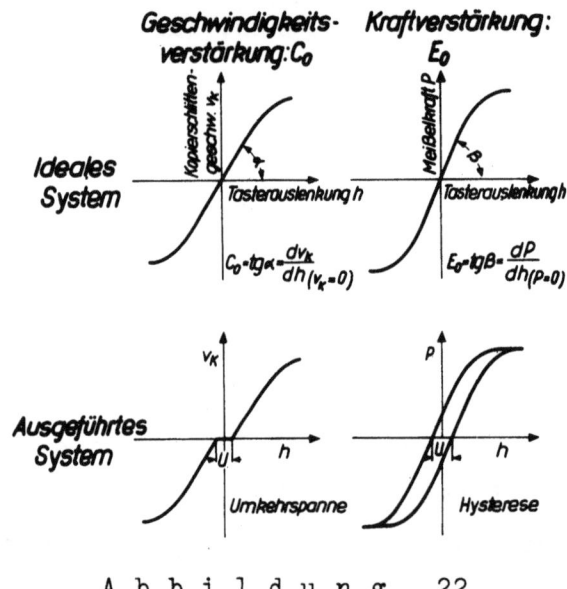

Abbildung 22

Kennwerte und Nichtlinearitäten hydraulischer Kopiersysteme

a) Längsfehler

Die Toleranzen der Längsabmessungen sind bei Drehteilen meistens nicht so eng wie die für die Durchmesser. Die Umkehrspanne hat, wie auf Abbildung 23 zu ersehen ist, einen ungünstigen Einfluß auf die Einhaltung

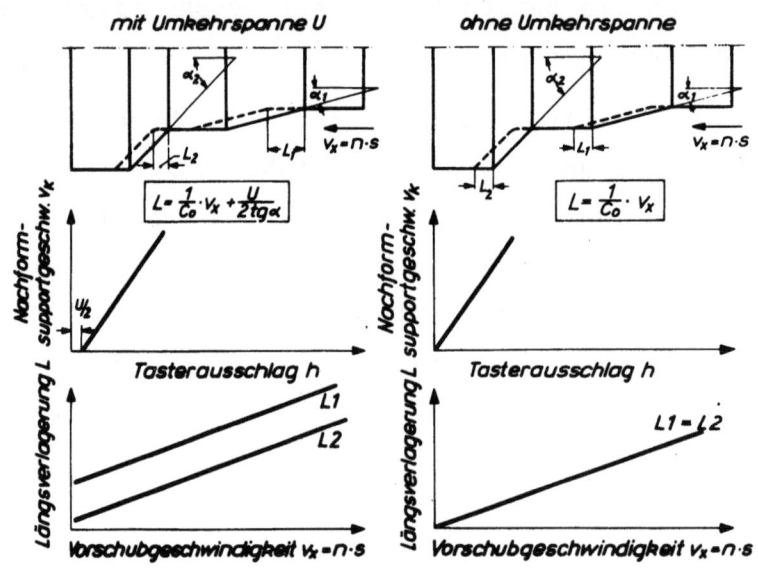

Abbildung 23

Einfluß der Umkehrspanne auf Längsfehler

der Längstoleranzen. Bei einem angenommenen idealen Sytem ohne Umkehrspanne wären alle Konturen um dasselbe Maß $L = \frac{1}{C_o} v_x$ in Längsrichtung verschoben, wobei $v_x = n \cdot s$ mm/min die Längsvorschubgeschwindigkeit des Schlittens ist.

Beim Vorhandensein einer Umkehrspanne werden flache Konturneigungen stärker in Längsrichtung verlagert als steile. Der Unterschied zwischen der Längsverlagerung verschiedener Kanten in dem Beispiel auf Abbildung 23 ($L_1 - L_2$) würde dann am Werkstück als Längsfehler gemessen.

Um den Einfluß der Umkehrspanne näher zu untersuchen, wurde eine $45°$-Kontur mit verschiedenen Vorschubgeschwindigkeiten abgefahren und dabei die Längsverlagerung der Profilkante gemessen. Es bestand die Möglichkeit, durch Verändern des Pumpendruckes die Umkehrspanne zu variieren.

Auf dem linken Diagramm (Abb. 24), das die Nachformsupportgeschwindigkeit über der Tasterauslenkung h zeigt, ist zu ersehen, wie mit steigendem Druck die Umkehrspanne abnimmt. Die gleiche Tendenz liegt im rechten Diagramm vor. Mit steigendem Druck wird die Längsverlagerung der Kontur geringer.

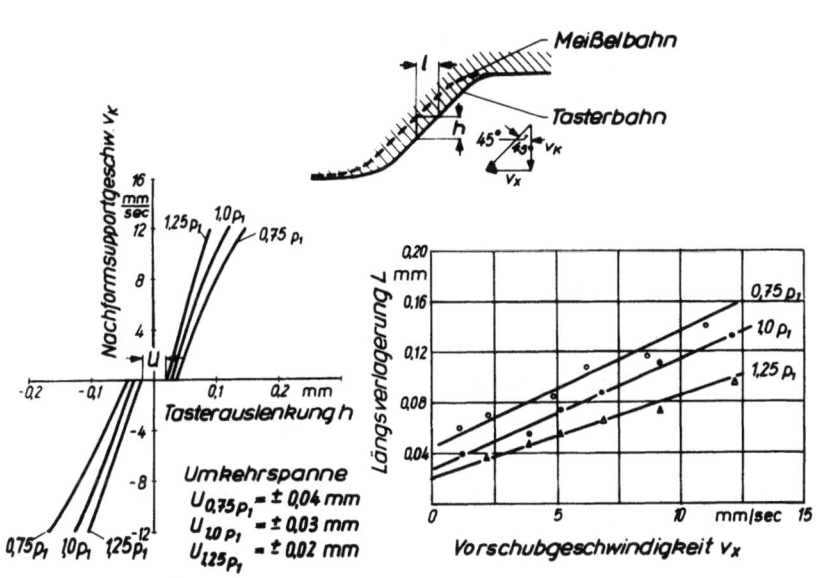

A b b i l d u n g   24

Einfluß der Umkehrspanne auf die Längsverlagerung der Kontur

In Abbildung 25 ist der Versuchsaufbau beim Nachfahren einer $45°$-Kontur mit konstanter Last aufgetragen. Die Belastung wurde durch Gewichte über Umlenkrollen aufgebracht. Die Belastung wirkt in Richtung der Nachformsupportführungen und vergrößert die Reibungskraft des Supportes nicht, wie es die Normalkomponente der Schnittkraft verursacht. Daher bleibt für alle Belastungen die Umkehrspanne weitgehend konstant. Es wurde die Relativbewegung zwischen Taster und Meißel aufgenommen. Sie hatte den auf Abbildung 25 gezeigten Verlauf.

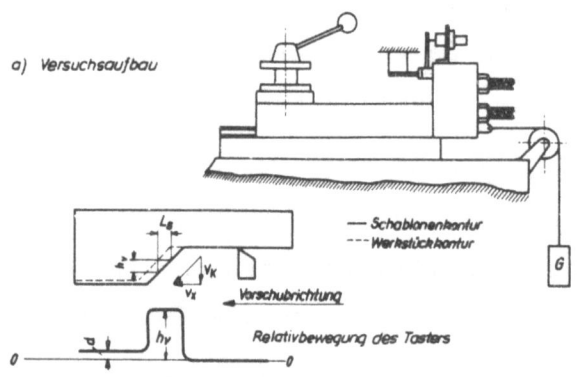

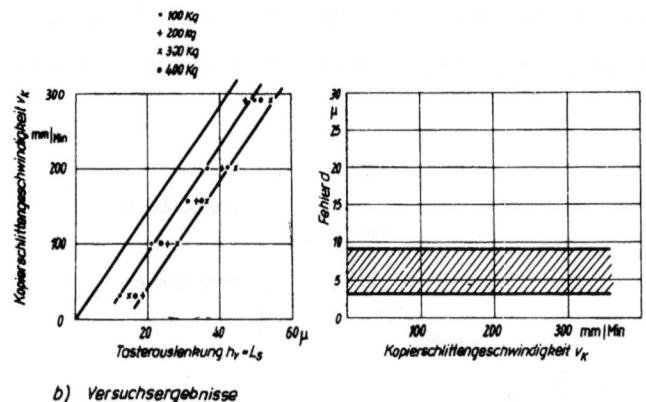

A b b i l d u n g   25
Ermittlung des Geschwindigkeitsfehlers L_s
bei konstanter Last

Der zur Erzeugung der Supportgeschwindigkeiten notwendige Tasterausschlag h_v, der bei der 45°-Kontur gleich der Längsverlagerung L_s ist, hatte den auf Abbildung 25b im linken Diagramm dargestellten linearen Anstieg über der Geschwindigkeit v_k, und zwar ist h_v unabhängig von der jeweiligen Belastung, was die Linearität des Kennlinienfeldes bestätigt. Die Meßwerte lagen für alle Belastungen in dem angegebenen Bereich. Weiterhin ergab sich ein von Geschwindigkeit und Belastung nahezu unabhängiger Wert d, der immer im Sinne einer Verkleinerung des größeren Durchmessers auftrat.

b) Durchmesserfehler

Wichtiger als für die Längsfehler ist die Bedeutung der Umkehrspanne für die Durchmesserfehler. Bei der Bearbeitung eines Werkstückes nach der auf Abbildung 26 dargestellten Schablone ändert sich über der Kontur Schnittkraft und Geschwindigkeit, wie aus den Diagrammen ersichtlich.

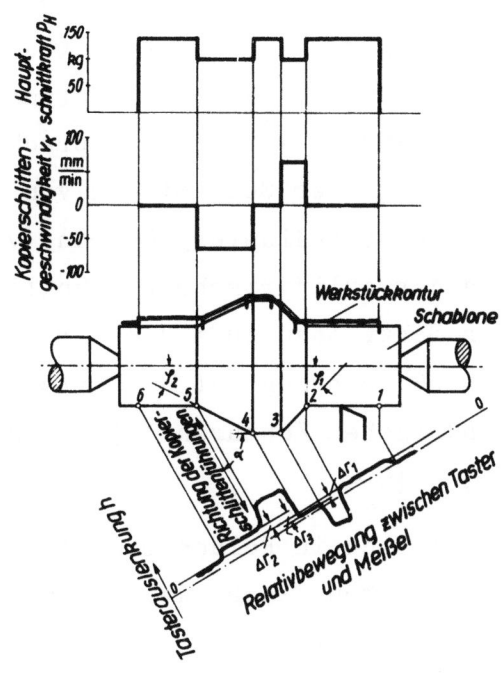

Abbildung 26

Durchmesserfehler durch den Einfluß der Umkehrspanne

Die Änderung der Schnittkraft resultiert aus der Veränderung des Spanquerschnittes auf den verschiedenen Konturabschnitten.

Die Hauptschnittkraft bestimmt sich unter Berücksichtigung der Schnittkraftformel von KIENZLE [10] zu:

$$P_{1u} = b \cdot k_{s1,1} \cdot \left[s \; \frac{\sin\alpha \cdot \cos\varphi}{\sin(\alpha+\varphi)} \right]^{1-z}$$

Dabei ist:

$k_{s1,1}$ kg/mm
(1 − z)   } Werkstoffkonstanten

b   mm   Schnittbreite (für k = 90°; b = a)

s $\frac{mm}{Umdr.}$ Vorschub

Die Geschwindigkeit des Kopiersupportes ergibt sich zu:

$$v_k = - v_x \frac{\sin \varphi}{\sin(\varphi + \alpha)}.$$

Beim Nachformdrehen mit verschiedenen Schnittbedingungen wurde immer der auf Abbildung 26 gezeigte charakteristische Verlauf der Relativbewegung zwischen Taster und Meißel erhalten.

Die großen Tasterauslenkungen auf den geneigten Konturabschnitten 2 ÷ 3 und 4 ÷ 5 dienen zur Erzeugung der Kopiersupportgeschwindigkeiten. Sie verursachen, wie oben gezeigt, eine Längsverlagerung der Kontur und sollen hier nicht weiter behandelt werden. Entsprechend der bei Punkt 1 einsetzenden Schnittkraft bei einer Schnittiefe von 4 mm tritt auf der zylindrischen Kontur 1 ÷ 2 eine Radiusvergrößerung von 25 μ ein. Auf diese Kontur bezogen wird der zylindrische Abschnitt 3 ÷ 4 um $\Delta r_1 = 20 \mu$ zu klein im Vergleich zur Schablonenstufe und der zylindrische Teil 5 ÷ 6 um $\Delta r_2 = 25 \mu$ zu groß in bezug auf die entsprechende Schablonenstufe. Zwischen den zylindrischen Konturen 3 ÷ 4 und 5 ÷ 6 ergibt sich ein Gesamtfehler von $\Delta r_3 = 45 \mu$.

Als allgemeine Tendenz läßt sich in Reihenversuchen feststellen, daß beim Kopieren einer zylindrischen Fläche der Durchmesser beim Auswärtsdrehen kleiner und beim Einwärtsdrehen größer wird. Dieser Tendenz überlagert sich jedoch bei steilen Kanten und hohen Kopiersupportgeschwindigkeiten die Wirkung der Massenkraft, die ein Überschwingen an den Kanten verursachen kann. Der radiale Fehler Δr_1 zwischen Kontur 1 ÷ 2 und 3 ÷ 4 zeigt eine ansteigende Tendenz über der Schnittiefe a, wie in Abbildung 27 dargestellt. Die Ursache ist in dem Größerwerden des reibungsabhängigen Teiles der Umkehrspanne

$$2 |U_R| = \frac{2R}{E_0}$$

zu suchen.

Bei der Belastung des Nachformsupportes durch die Schnittkraft bewirkt die Normalkomponente auf die Führungen ein Anwachsen der Reibungskräfte nach der Beziehung: $R = \mu \cdot N$. Dabei ist der Reibungskoeffizient μ gerade in dem Bereich der Kopiersupportgeschwindigkeit - 0 ... 10 mm/sec - stark geschwindigkeitsabhängig. Da sich bei der Bearbeitung eines Werkstückes, wie aus Abbildung 26 ersichtlich, Belastung und Geschwindigkeit für die einzelnen Konturabschnitte ändern, wird auch der reibungsbedingte Anteil der Umkehrspanne verschiedene Werte annehmen.

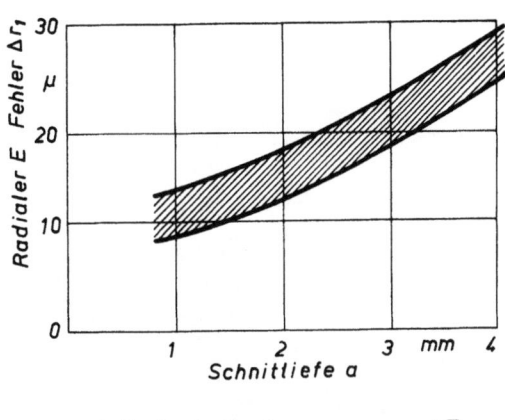

Abbildung 27

Radialer Fehler Δr_1 über die Schnittiefe a

2. Messung der Umkehrspanne unter Schnittlast

Wegen der Bedeutung der Umkehrspanne für die Genauigkeit beim Nachformdrehen wurde sie einer besonderen Untersuchung unterzogen. Wie oben gezeigt, ist ihr reibungsbedingter Anteil belastungsabhängig. Für die Beurteilung eines Aggregates reicht also die Messung der Umkehrspanne im Leerlauf nicht aus, sondern es interessiert mehr die Umkehrspanne unter Schnittlast. Zu diesem Zwecke wurden Kopierversuche mit einer Kugelschablone gemacht (Abb. 28). Fährt der Taster über die Kugelkontur, so sinkt die Kopierschlittengeschwindigkeit v_k mit wachsendem Zentriwinkel φ und ist mit Erreichen des Kulminationspunktes Null (Abb. 29). Der Taster folgt nun weiter der fallenden Kontur, während der Meißel so lange stehenbleibt, bis die Umkehrspanne durchlaufen ist. Wie bei den übrigen Bearbeitungsversuchen wird die Relativbewegung zwischen Taster und Meißel gemessen, die den Tasterausschlag h darstellt. Sie hat den auf Abbildung 29 dargestellten charakteristischen Verlauf, wobei der Einfachheit halber angenommen ist, daß der Kopiervorschub senkrecht zur Drehachse verläuft. Entsprechend der kleiner werdenden Geschwindigkeit auf der ansteigenden Kugelkontur AB sinkt der Tasterausschlag ab, bis der Kopierschlitten am Umkehrpunkt stehenbleibt. Der senkrechte Abstand zwischen B'C' ist die Umkehrspanne U, während der der Meißel stillsteht und der Taster auf der abfallenden Kugelkontur in Gegenrichtung läuft. Die Länge des bei Meißelstillstand entstehenden zylindrischen Konturstückes L_S ist abhängig von der Größe der Umkehrspanne U und dem

Abbildung 28
Kugelschablone

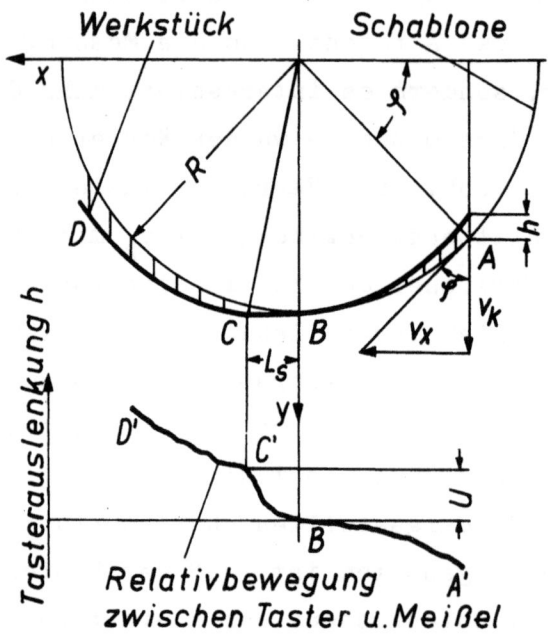

Abbildung 29
Kopieren einer Kugelkontur

Kugelradius R. Steht das Kopieraggregat im Winkel α zur Drehbankachse, so wird:

$$L_s \approx \sqrt{2\,RU\,\sin\alpha} - U\cos\alpha$$

Bei einem senkrecht zur Drehachse angeordneten Kopieraggregat ist: $L_s \approx \sqrt{2\,RU}$. In Punkt C setzt sich der Schlitten wieder in Bewegung und entsprechend der wachsenden Nachformsupportgeschwindigkeit steigt der Tasterausschlag progressiv an. In Abbildung 30 sind einige Schriebe

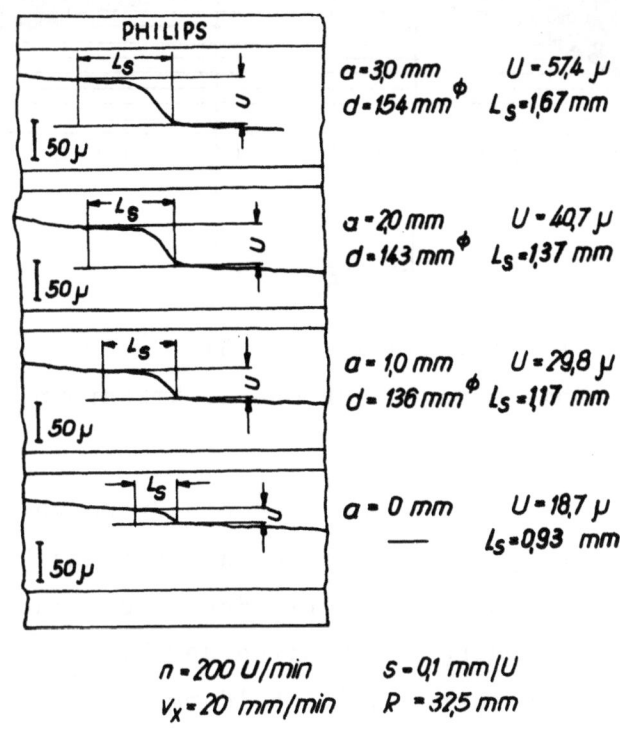

Abbildung 30

Aufgenommene Relativauslenkungen zwischen Taster und Meißel beim Kugelkopieren

der Relativbewegung aufgetragen, wie sie beim Nachformdrehen einer Kugel mit verschiedenen Schnittbedingungen aufgenommen werden. Die Kontur der Kugelschablone wird somit beim Nachformen durch den Einfluß des Geschwindigkeitsfehlers und der Umkehrspanne verändert, so daß eine von der idealen Kugel abweichende Kontur entsteht. Abbildung 31 zeigt eine Forsteraufnahme eines derartigen Konturverlaufes im Umkehrpunkt.

Nach dem oben angegebenen Verfahren wurde die Umkehrspanne für einzelne Aggregate bei verschiedenen Zerspanungsbedingungen ermittelt. In Abbildung 32 ist der Verlauf der Umkehrspanne für ein bestimmtes Nachformgerät über der Schnittiefe a mit der Längsvorschubgeschwindigkeit $v_x = n \cdot s$ mm/min als Parameter aufgetragen. Ein Anwachsen der Schnitt-

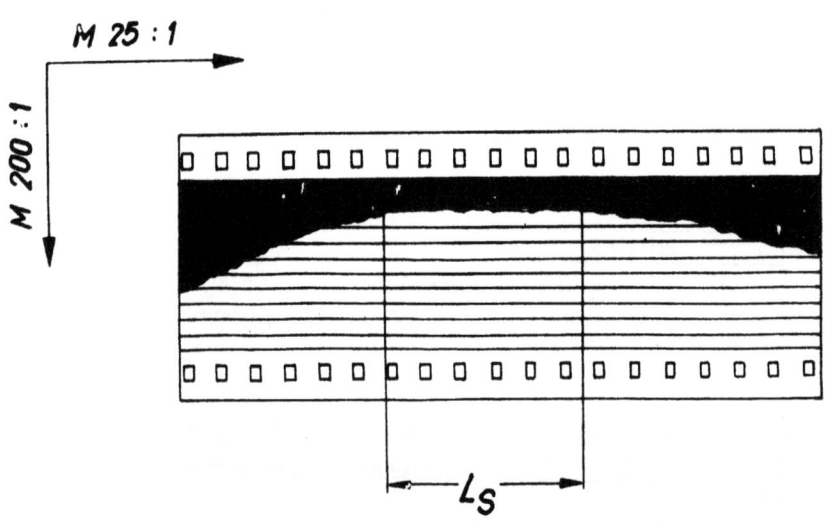

Abbildung 31
Forsteraufnahme einer Drehprobe im Umkehrpunkt

tiefe a wie auch des Vorschubes s bewirken ein Größerwerden der Schnittkraft im Umkehrpunkt. Entsprechend wachsen die Reibungskräfte in den Führungen, die bei Bewegungsumkehr überwunden werden müssen. Das bedeutet eine Zunahme des reibungsbedingten Anteiles der Umkehrspanne, wie es aus dem Anstieg der Kurvenscharen auf Abbildung 32 zu ersehen ist.

Auf Abbildung 33 sind die im Kugeldrehversuch ermittelten Umkehrspannen zweier Aggregate über der Hauptschnittkraft P_1 im Umkehrpunkt mit der Vorschubgeschwindigkeit v_x als Parameter aufgetragen. Da der Reibungskoeffizient der Gleitführungen in dem Bereich der Kopiersupportgeschwindigkeiten geschwindigkeitsabhängig ist, ist es zweckmäßig, bei beiden Aggregaten nur Meßpunkte für annähernd gleiches v_x zu vergleichen.

Es sei erwähnt, daß die Schnittkraft über dem Kugelkonturverlauf wegen der Änderung des Spanquerschnittes nicht konstant ist. Von Einfluß auf die Umkehrspanne ist jedoch nur die Schnittkraft im Umkehrpunkt. Die Kraftverstärkungsfaktoren der Aggregate 1 und 2 verhalten sich etwa wie 4,5 : 1, d.h. Aggregat 1 hatte einen wesentlich steileren Kraftanstieg über der Tasterauslenkung. An dem Bild ist zu ersehen, daß Aggregat 1 einen schwächeren Anstieg der Umkehrspanne über der Hauptschnittkraft aufweist als das zweite.

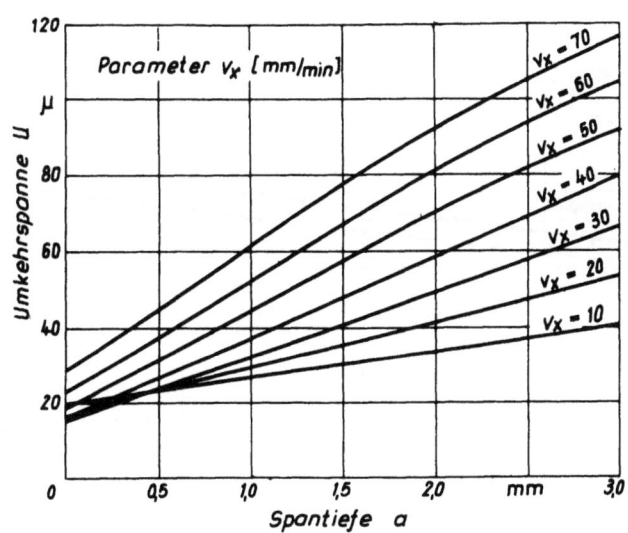

Abbildung 32

Die Umkehrspanne über der Spantiefe Parameter

$v_x = n \cdot s$ (n = const.)

In dem Ausdruck für die Umkehrspanne

$$U = U_{sp} + 2|U_R|$$

ist der reibungsbedingte Anteil $2|U_R| = 2\frac{R}{E}$ von der Normalkraft - in unserem Falle der Hauptschnittkraft - abhängig nach der Beziehung:

$2|U_R| = \frac{2 R_o}{E_o} + \frac{2 \mu \cdot P_{1u}}{E_o}$. Dabei ist R_o = Ruhereibung ohne Belastung P_{1u} = Hauptschnittkraft im Umkehrpunkt; μ = Reibungskoeffizient des Nachformsupportes. Die gesamte Umkehrspanne läßt sich also schreiben:

$U = U_{sp} + \frac{2R}{E_o} + \frac{2\mu \cdot P_{1u}}{E_o}$.

Betrachtet man die Umkehrspanne als Funktion der Normalbelastung durch die Hauptschnittkraft P_{1u}, so ist dieser Ausdruck die Gleichung einer

Geraden. Die beiden ersten Glieder bilden den konstanten Anteil: U_{sp} durch Spiel im Taster-Steuerorgansystem bedingt und $\frac{2R_o}{E_o}$ abhängig von der Ruhereibung in den Führungen ohne Belastung. Der Faktor $\frac{2\mu}{E_o}$ ist die Steigung der Geraden in Abbildung 33. Je größer E_o ist, um so flacher verläuft die Gerade. Außerdem hängt die Steigung auch vom Reibungs-

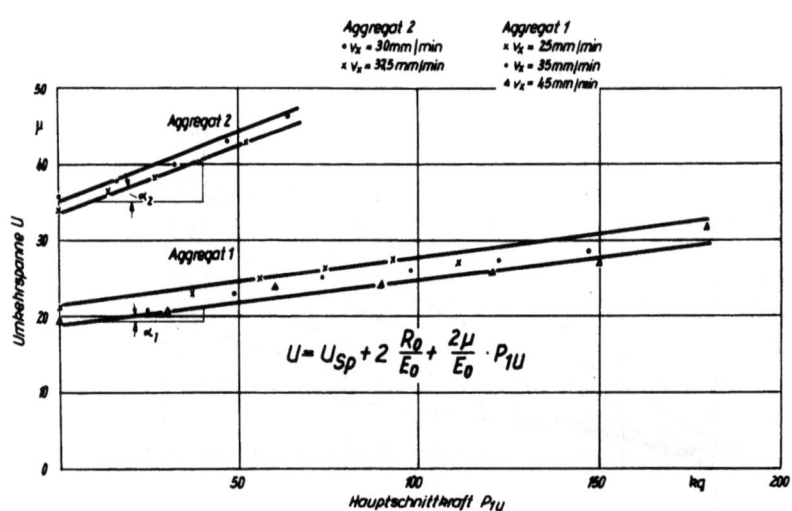

A b b i l d u n g   33

Umkehrspanne über der Hauptschnittkraft

koeffizienten μ ab, der für verschiedene Aggregate je nach Anordnung und Ausbildung der Führungen und je nach dem Schmierungszustand verschiedene Werte annehmen kann. Die Steigungen der beiden Geraden verhalten sich wie 1 : 3,3, d.h. Aggregat 2 hat 3,3mal steileren Anstieg als Aggregat 1. Aus der Beziehung $tg\,\alpha = \frac{2\mu}{E}$ kann mit den aus Abbildung 33 ermittelten Steigungen der Reibungskoeffizient μ bestimmt werden.

Es ergibt sich für Aggregat 1 : $\mu_1 = 0,293$ und
für Aggregat 2 : $\mu_2 = 0,2$.

Als Reibungskoeffizient wurde für verschiedene Aggregate $\mu = 0,1$ bis 0,3 erhalten.

Wie in den obigen Ausführungen gezeigt wurde, haben die Nichtlinearitäten - dargestellt durch Umkehrspanne oder Hysterese - einen ungünstigen Einfluß auf die erreichte Genauigkeit hydraulischer Kopiereinrichtungen. Um die aus diesen Gründen resultierenden Abweichungen klein zu halten, sollte der konstante Anteil der Umkehrspanne gering gehalten werden.

Das bedeutet Herabsetzen von Spiel und Verformung unter der wechselnden Tasterkraft in den Übertragungsorganen von der Tasterspitze bis zu den Steuerelementen, sowie Vermeiden von positiver Überdeckung der Steuerkanten

Zur Herabsetzung des reibungsbedingten Teiles der Umkehrspanne bestehen zwei Möglichkeiten: Einmal muß die Kraftverstärkung E_o möglichst groß sein. Außerdem sollte angestrebt werden, den Reibungskoffizienten möglichst klein zu halten. Eine ideale Lösung in dieser Richtung wäre der Einbau von Wälzführungen, da dadurch der reibungsbedingte Anteil um Größenordnungen herabgesetzt werden könnte. Ein weiterer Gesichtspunkt, der eine Vergrößerung des Kraftverstärkungsfaktors günstig erscheinen läßt, ist die Tatsache, daß dadurch die durch wechselnde Spantiefe und verschiedene Spanquerschnitte bedingte Schnittkraftänderung weniger Einfluß auf die Abdrängung des Meißels hat. Jedoch werden die Werkstücke, bei denen hohe Genauigkeit verlangt wird, meistens in mehreren Schnitten bearbeitet, so daß der letzte Schlichtschnitt nur mit geringer und gleichmäßiger Spantiefe auf den zylindrischen Konturstücken durchgeführt wird.

IV. Dynamisches Verhalten und Stabilitätsuntersuchungen des geschlossenen Regelkreises

1. Frequenzganguntersuchung

Zum Vergleich mehrerer Aggregate in bezug auf ihr dynamisches Verhalten hat sich die aus der Regeltechnik bekannte Frequenzganguntersuchung als geeignet erwiesen.

Dabei wird (Abb. 34) der Taster mit einem Sinusexzenter angetrieben.

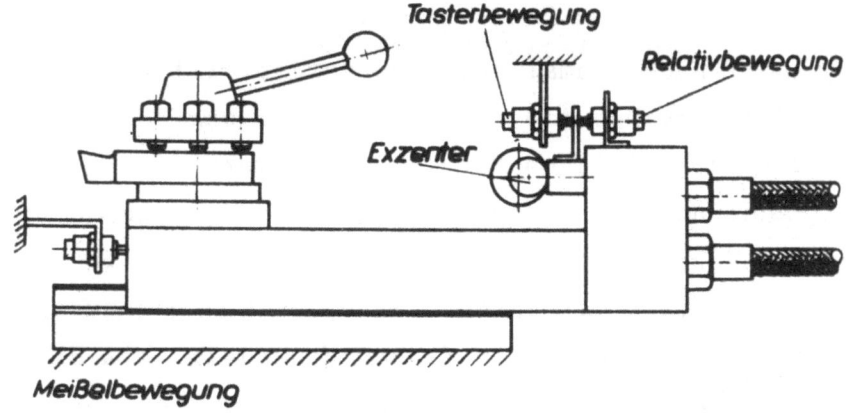

A b b i l d u n g   34

Versuchsaufbau zur Frequenzuntersuchung eines Gerätes

Abbildung 35 zeigt die beiden Bewegungsabläufe, oben die Tasterbahn als
reine Sinusbewegung und darunter die Meißelbahn. Als drittes wurde die
Relativbewegung zwischen Taster und Meißel aufgenommen. Ganz unten ist
eine Zeitmarke zu sehen. Wenn es sich bei der Meißelbahn um eine reine
Sinuskurve handeln würde, müßte sich als Differenz zwischen Taster- und
Meißelbahn wieder eine Sinuskurve ergeben. Es zeigt sich aber, daß die
Relativbewegung, die diese Differenz darstellt, nicht rein sinusförmig
ist. Das erklärt sich daraus, daß bei Bewegungsumkehr des Tasters der
Meißel so lange stehenbleibt, bis die Umkehrspanne durchlaufen ist,
dann erst folgt er wieder der Bewegung des Tasters. Die Meißelkurven
zeigen auf dem Oszilloskript deutlich Abflachungen, wo der Meißel also
stehenbleibt.

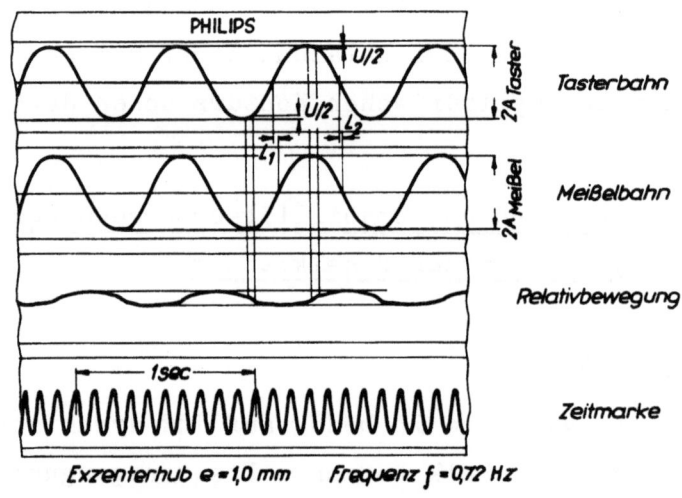

A b b i l d u n g   35
Bewegungsabläufe bei der Frequenzgangunternehmung

In Abbildung 36 soll noch einmal deutlich dargestellt werden, wie durch
den Einfluß der Umkehrspanne die reine Sinusbewegung der Tasterbahn von
dem Meißel nicht in der gleichen Form, sondern verzerrt, ausgeführt
wird. Diese Betrachtung gilt jedoch streng nur für langsame Bewegungen
ohne Masseeinfluß. Rechts unten ist das Diagramm Supportgeschwindigkeit
über Tasterauslenkung (mit der Umkehrspanne) um 90° geschwenkt aufgetragen.
Diese Abhängigkeit wurde schon früher behandelt. Mit Hilfe der
Relativbewegung zwischen Taster und Meißel, die ja die Tasterauslenkung h
darstellt, wurde die Meißelgeschwindigkeit ermittelt. Jeweils beim Durch-

laufen der Umkehrspanne ist die Meißelgeschwindigkeit Null. Durch graphische Integration der Meißelgeschwindigkeit erhält man die Meißelbahn.

In Abbildung 36 oben sind Taster- und Meißelbahn übereinander gezeichnet, so daß die Zusammenhänge zwischen beiden Bewegungen deutlich werden. Hat der Taster beispielsweise seinen oberen Umkehrpunkt erreicht, so wird die Supportgeschwindigkeit Null: der Support bleibt so lange stehen,

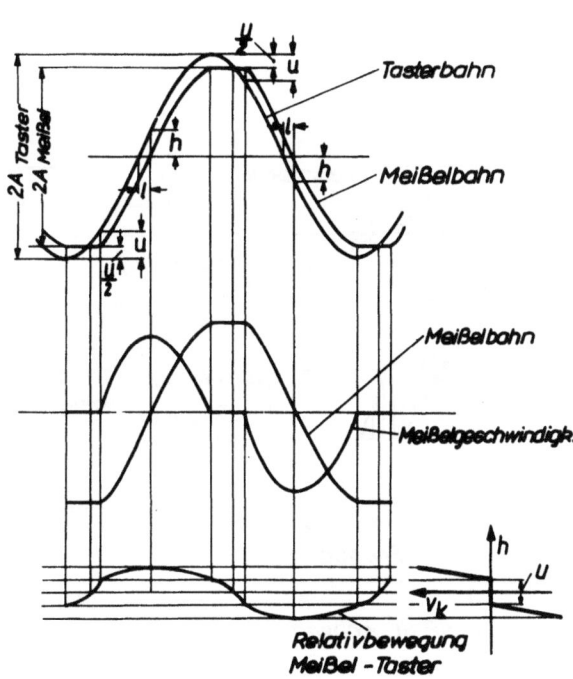

A b b i l d u n g   36

Verzerrung der Sinusbewegung bei Systemen mit Umkehrspanne

bis die Umkehrspanne durchlaufen ist, erst dann setzt er sich in Gegenrichtung in Bewegung. Der gleiche Vorgang wiederholt sich analog beim unteren Umkehrpunkt. Die Meißelamplitude ist also für langsame Bewegungen um eine Umkehrspanne kleiner als die Tasteramplitude. Diese Betrachtungen sind z.B. für das Drehen von Kugelkörpern interessant.

Bei den Versuchen wurde nun die Exzenterfrequenz verändert, und es wurden die Meißelamplitude, die zeitliche Verzögerung zwischen Taster- und Meißelbahn sowie der Ausschlag der Relativbewegung aufgenommen.

Abbildung 37 zeigt über der Exzenterfrequenz das Verhältnis Meißelamplitude zu Tasteramplitude für ein bestimmtes Aggregat.

Es ist ersichtlich, daß für Leerlauf die Meißelamplitude bei kleineren Frequenzen etwas geringer ist als die des Tasters, und zwar etwa eine Umkehrspanne. Sie sinkt dann mit höheren Frequenzen stark ab. Bei 4 Hz ist sie schon um ca. 20 % kleiner als die Tastamplitude. Eine zusätzliche Masse zu der des Supportes, entsprechend 85 kg Gewicht, läßt die Meißelamplitude über den ganzen Frequenzbereich um einige Prozent absinken. Eine zusätzliche Reibungsbelastung durch Anziehen der Führungsleisten des Supportes verursacht ein starkes Absinken der Meißelamplitude besonders für hohe Frequenzen.

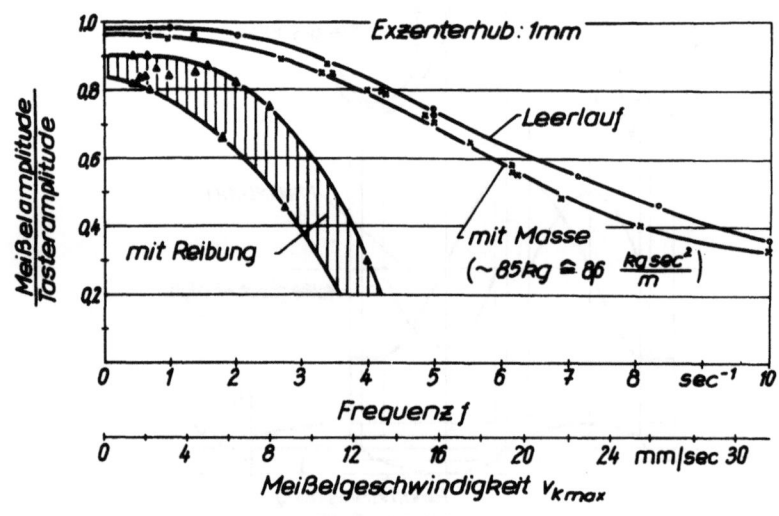

Abbildung 37

Einfluß von Masse und Reibung auf die Meißelamplitude

In Abbildung 38 sind drei Aggregate verglichen. Das erste ist ein reibungs- und massearmes System, bei dem die Amplitudenabnahme bis zu hohen Frequenzen gering bleibt. Kurve 2 zeigt das Ergebnis für ein normales System und Kurve 3 für ein Aggregat mit erhöhtem Masse- und Reibungseinfluß. Bei 3 ist der Verlauf entsprechend ungünstig.

Um kein falsches Bild zu geben, sei dazu gesagt, daß es sich bei den drei angeführten Aggregaten um Ausführungen sehr verschiedener Größen handelt. Die erreichbaren Maximalkräfte, die in etwa als Vergleichsmaßstab dienen können, verhalten sich bei den Systemen 1 bis 3 etwa wie 1 : 3 : 5. Während es sich bei System 1 um ein Zusatzgerät handelt, bei dem nur ein leichter Kopierschlitten zu bewegen ist, muß bei System 3 ein schwerer Support in breiten Führungen die Sinusbewegung ausführen.

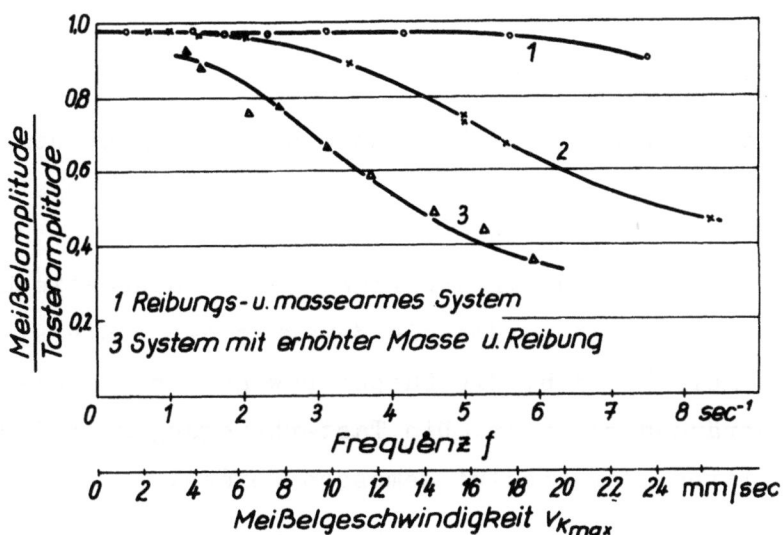

Abbildung 38
Amplitudenabnahme über der Frequenz für drei
verschiedene Aggregate

Die Phasenverschiebung der Meißelbahn zur Tasterbahn, die bei der Frequenzganguntersuchung auch gemessen wird, zeigt einen linearen Anstieg mit der Frequenz. Das entspricht dem Verhältnis bei der Längsverlagerung einer Konturkante, wie schon oben besprochen wurde, und braucht hier nicht weiter behandelt zu werden.

2. Stabilitätsuntersuchungen

Eine unerwünschte Begleiterscheinung bei hydraulischen Kopieraggregaten ist das Auftreten von Schwingungen. Bei stoßartiger Auslenkung des Tasters, wie sie beispielsweise beim Nachformen steiler Kanten auftritt, führt der Support Schwingungen aus, die entweder nach gewisser Zeit wieder abklingen oder aber als Dauerschwingungen bestehen bleiben. Diese Erscheinung wirkt sich ungünstig auf Werkzeug und Werkstück aus und macht in extremen Fällen ein Nachformen unmöglich. Dabei ist die Gefahr der Instabilität um so größer, je höher die Verstärkungsfaktoren der Regelstrecke, d.h. je genauer die zu erzielenden Arbeitsergebnisse sind.

In den nachfolgenden Ausführungen werden Ergebnisse von Messungen an schwingenden Systemen diskutiert. Anschließend wird eine Deutung der Schwingungserscheinungen mit Hilfe von Stabilitätsbetrachtungen der Regelungstechnik gegeben.

a) Versuchsaufbau und Ergebnisse

Um einen Überblick über die beim Dauerschwingungsvorgang herrschenden Verhältnisse zu erhalten, wurden an verschiedenen Kopiersystemen im schwingenden Zustand die einzelnen Größen als Funktion der Zeit gemessen und übereinander geschrieben. In Abbildung 39 ist schematisch der Versuchsaufbau dargestellt. Es wurden die Bewegung des Tasters, der Steuerelemente und des Meißels, d.h. die Supportbewegung sowie die Drücke in den beiden Kolbenräumen gemessen. Die Tasterbewegung kann dabei entweder relativ zum Schlitten oder absolut gemessen werden.

Abbildung 40 zeigt die charakteristische Ausbildung solcher Schwingungen. Für alle untersuchten Systeme sind die Schwingungen durch folgende übereinstimmenden Merkmale gekennzeichnet:

1. Es handelt sich nicht um sinoide Schwingungen, sondern der Bewegungsablauf ist unregelmäßig. Im Umkehrpunkt, an dem der Taster auf die Schablone trifft, ergibt sich entweder eine sehr schnelle Bewegungsumkehr (Spitzen) oder eine Prellerscheinung, bei der der Taster hin und her schwingt, ehe er sich in die entgegengesetzte Richtung bewegt.

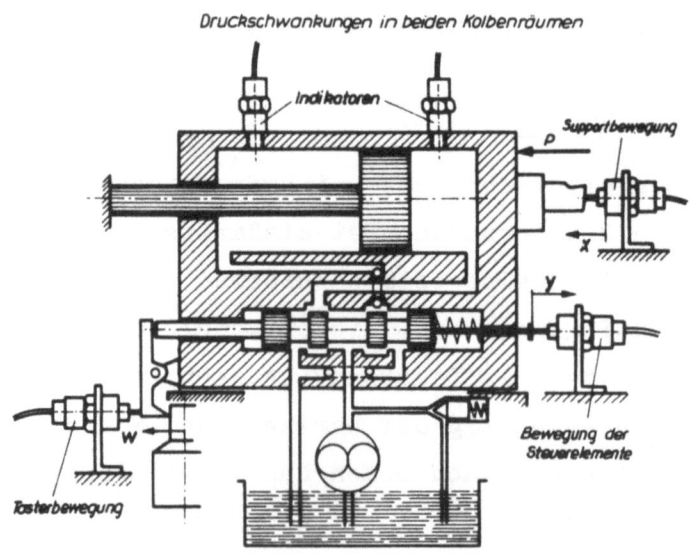

Abbildung 39

Schema des Versuchsaufbaues mit den einzelnen Meßstellen

2. Die Drücke schwanken im Gegentakt entsprechend der Bewegung der Steuerelemente. Außerdem weisen sie Schwankungen auf, die in Phase mit den Umkehrpunkten des Schlittens liegen. Diese Druckänderungen dienen zur Aufnahme der Massenkräfte, die in den Schlittenumkehrpunkten ihre Extremwerte annehmen.

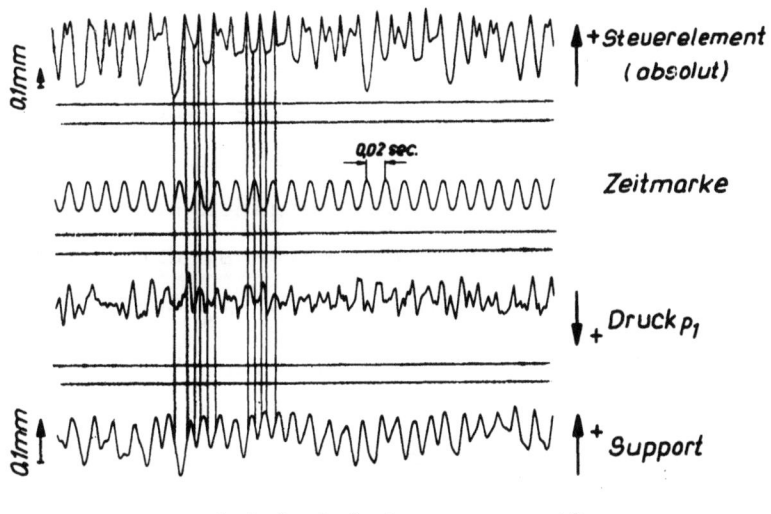

Abbildung 40
Prellschwingungen des Systems

3. Zwischen Steuerelement und Supportbewegung besteht eine Phasenverschiebung von etwa 90°. Das heißt, die Extremwerte der Steuverschiebung liegen etwa an den Stellen maximaler Supportgeschwindigkeit.

4. Die Tasterbewegung ist wesentlich größer als die des Schlittens. Für die bisher untersuchten Systeme war sie etwa zwei- bis dreimal so groß wie die des Supports. Diese Erscheinung legt den Schluß nahe, daß sich entweder der Taster von der Schablone abhebt und Prellschwingungen auf ihr ausführt, oder daß der Taster oder die Schablone und der Schablonenträger federnde Elemente sind, die dem Taster größere Schwingungsamplituden erlauben, als sie der Support ausführt.

5. Die Frequenzen lagen bei den bisher ausgeführten Versuchen im Bereich zwischen 30 und 70 Hz. Es wurden Supportamplituden von 5/100 mm bis etwa 3/10 mm gemessen.

b) Aufteilung des Regelkreises in Regelstrecke und Regler

Die Deutung dieser Ergebnisse läßt sich am besten durch eine Stabilitätsbetrachtung mittels Frequenzgangdarstellung durchführen. Zu diesem Zwecke wird die Nachlaufregelung des Kopieraggregates in Regelstrecke und Regler aufgeteilt, wie dies in Abbildung 41 dargestellt ist. Die Regelstrecke besteht aus Support mit Zylinder und Kolben; die Stellung des Schlittens ist die Regelgröße x. Die Koordinaten der Schablone bilden die Führungsgröße w. Die Differenz zwischen Regelgröße x und Führungsgröße w ist die Regelabweichung $x_w = x - w$, die eine Relativbewegung der Tasterspitze zum Schlitten bedeutet. x_w ist die Eingangsgröße des Reglers, der aus dem Taster und den Steuerorganen besteht. Seine Ausgangsgröße y_R ist die Bewegung des Steuerkolbens, die mit umgekehrtem Vorzeichen die Eingangsgröße der Regelstrecke $-y_s$ ausmacht.

Die Regelstrecke ist eine Strecke ohne Ausgleich. Wie vorn beschrieben, folgt sie für stationäre Zustände in bestimmten Bereichen der Gleichung:

$$y_s = \frac{\dot{x}}{C_0} + \frac{P}{E_0}$$

Dabei ist C_0 die Geschwindigkeitsverstärkung und E_0 die Kraftverstärkung. Voraussetzung dafür, daß C_0 und E_0 konstante Werte sind, ist ein stationäres Kennlinienfeld, das sich aus parallelen Geraden zusammensetzt.
P ist dabei die Belastung des Supportes, wie in Abbildung 39 angedeutet.

Für die weiteren Betrachtungen wird die Nichtlinearität, die sich durch die Umkehrspanne ergibt, vernachlässigt, ebenso die hydraulischen Reaktionskräfte auf die Steuerelemente beim Durchströmen des Öles durch die

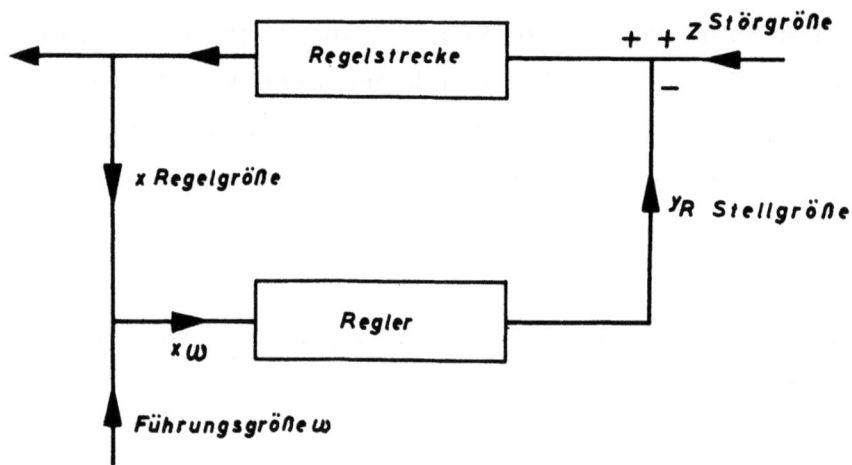

Abbildung 41
Schema eines Regelkreises

Steuerschlitze sowie die Druckverluste in den Leitungen vom Steuerelement zum Arbeitszylinder.

Zur Ermittlung der Differentialgleichung der Regelstrecke werden als Belastung die dynamischen Kräfte

$$P_{dyn} = M\ddot{x} + \beta\dot{x}$$

eingesetzt.

Berücksichtigt man die Kompressibilität des Öles, die von verschiedenen Autoren als eine wichtige Voraussetzung der Instabilität genannt wird, so stellt man fest, daß sich noch ein Geschwindigkeitsanteil aus der pulsierenden Kraft zu

$$\frac{dx}{dt} = \frac{1}{\lambda_{\ddot{o}}} \cdot \frac{dP_{dyn}}{dt}$$

einstellt.

Dieser Anteil muß der Schlittengeschwindigkeit zugefügt werden. $\lambda_{\ddot{o}}$ ist dabei die Federkonstante der Ölsäule, die sich nach Abbildung 42 zu

$$\lambda_{\ddot{o}} = \frac{E_{\ddot{o}} \cdot F}{L_1 + L_2 + L_3 + \ldots L_n}$$

bestimmt.

L_1 ist dabei die Länge des Kolbenraumes, die bei Mittelstellung des Kolbens gleich dem halben Hub ist. L_2, L_3 ... L_n sind die auf die Kolbenfläche bezogenen Ölsäulenlängen, die aus den Volumina der Bohrungen vom Kolbenraum bis zum Steuerschieber resultieren. Da der Steuerschieber meist unmittelbar am Zylinder sitzt, sind diese Bohrungen entsprechend kurz. $\lambda_{\ddot{o}}$ ist um so größer, je größer die Kolbenfläche F ist, je größer der Elastizitätsmodul des Öles ist und je kürzer die Längen L_1 bis L_n sind. Mit

$$\frac{dP_{dyn}}{dt} = M\ddot{x} + \ddot{x} \quad \text{erhält man aus}$$

$$y_s = \frac{\dot{x} + 1/\lambda_{\ddot{o}} P_{dyn}}{C_o} + \frac{M\ddot{x} + \beta\dot{x}}{E_o}$$

eine Differentialgleichung dritten Grades:

$$y_s = \dot{x}\left(\frac{1}{C_o} + \frac{\beta}{E_o}\right) + \ddot{x}\left(\frac{\beta}{\lambda_{\ddot{o}} C_o} + \frac{M}{E_o}\right) + \dddot{x}\frac{M}{\lambda_{\ddot{o}} C_o}$$

Für weitere Betrachtungen wird die negativ-inverse Ortskurve der Regelstrecke benötigt. Die entsprechende Frequenzgangsgleichung leitet sich aus der obigen Differentialgleichung her.

$$- \frac{1}{F_s} = \frac{-y_s(\omega)}{x(\omega)} = - s_1 \omega - s_2 \omega^2 - s_3 \omega^3 .$$

Dabei ist

$$s_1 = \frac{1}{C_o} \; ; \; s_2 = \frac{M}{E_o} \; ; \; s_3 = \frac{M}{\lambda_ö C_o} .$$

Die Dämpfung des Schlittens β wurde vernachlässigt, was für die Stabilität eine erschwerende Bedingung bedeutet.

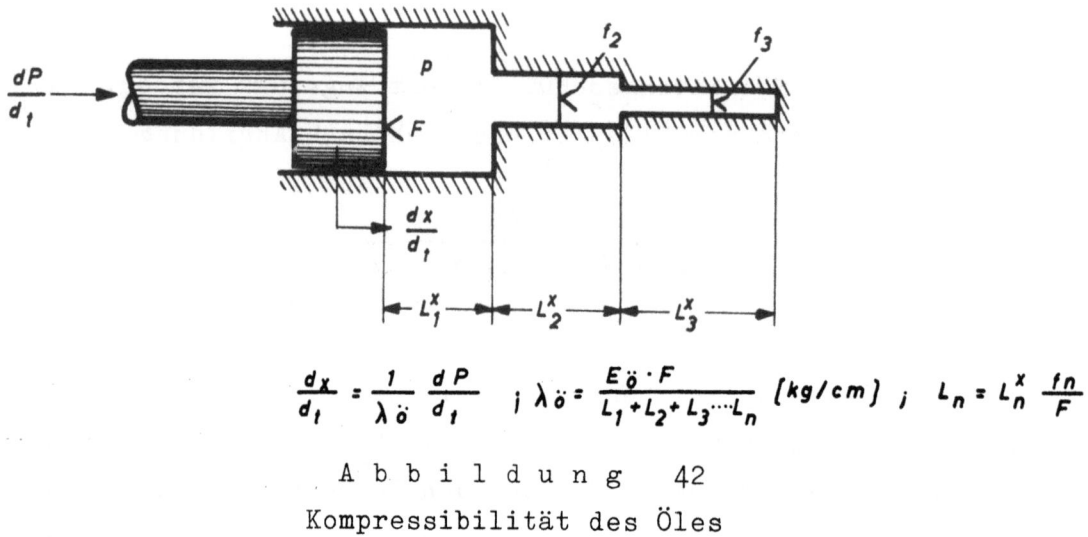

$$\frac{dx}{dt} = \frac{1}{\lambda_ö} \frac{dP}{dt} \; ; \; \lambda_ö = \frac{E_ö \cdot F}{L_1 + L_2 + L_3 \cdots L_n} \; [kg/cm] \; ; \; L_n = L_n^x \frac{f_n}{F}$$

Abbildung 42
Kompressibilität des Öles

Die in Abbildung 43 dargestellte negativ-inversen Ortskurven der Regelstrecken zweier Aggregate wurden nach der obigen Frequenzganggleichung gezeichnet; die Konstanten s_1, s_2 und s_3 wurden zuvor versuchsmäßig bestimmt (jeweils Kurve a).

Die negativ-inverse Ortskurve gibt den Verlauf der Stellgröße $-y_s$ an, die notwendig ist, um Regelgrößenschwingungen mit der Amplitude 1 zu erzeugen. Es ist ersichtlich, daß für Frequenzen von etwa 30 ... 70 Hz, mit denen die Systeme meistens schwingen, die Eingangsgröße der Regelstrecke $-y_s$ um nur wenig mehr als $90°$ zur Regelgröße x verschoben ist.

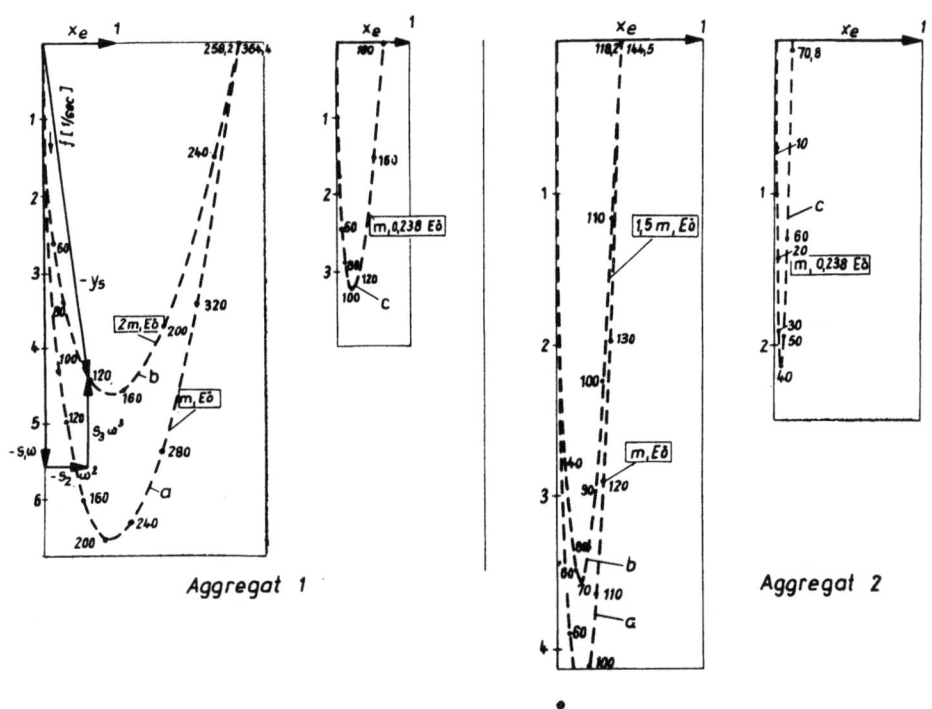

Abbildung 43

Negativ-inverse Ortskurven der Regelstrecken zweier Aggregate

c) Kombination mit Proportionalregler nullter Ordnung

Nimmt man an, der Taster sei vollkommen starr und liege fest an der vollkommen steifen Schablone an, so handelt es sich um einen Proportionalregler nullter Ordnung, dessen Ortskurve durch den Punkt x = 1 gekennzeichnet ist. Bei einer solchen Kombination wäre die Stabilitätsgrenze erreicht, wenn die negativ-inverse Ortskurve der Regelstrecke durch den Punkt x = 1 läuft. Abbildung 44 zeigt, wie sich für diesen Punkt die Zeiger der Regelstrecke zusammensetzen. Aus dem Bild läßt sich die Beziehung erkennen

$$s_1 \omega_k = s_3 \omega_k^3$$

$$\omega_k = \sqrt{\frac{s_1}{s_3}} = \sqrt{\frac{\lambda_ö}{M}} \left[\frac{1}{sek}\right]$$

Bei diesem Regelsystem ist die kritische Frequenz ω_k durch die Federsteife der "Ölfeder" $\lambda_ö$ und die schwingende Supportmasse M gekennzeichnet. Als Stabilitätsbedingung ergibt sich in einfacher Weise:

$$s_2 \omega_k^2 \gtreqless 1$$
$$\frac{M}{E_o} \cdot \frac{\lambda_\ddot{o}}{M} \gtreqless 1$$
$$\lambda_\ddot{o} > E_o \, .$$

Bedingung für die Stabilität ist also, daß die Federsteifigkeit der Ölsäule $\lambda_\ddot{o}$ größer ist als die Kraftverstärkung E_o des Systems. Es ist also durchaus möglich, daß bei langen Ölzuleitungen oder bei Lufteinschlüssen im Öl, die den Elastizitätsmodul des Öles stark herabsetzen, Schwingungen dieser Art auftreten können. Der Taster bleibt dabei fest an der Schablone, während der Nachformsupport durch die Kompressibilität des Öles Schwingungen ausführt. Die Phasenverschiebung zwischen Ein- und Ausgangsgröße der Regelstrecke ist bei derartigen Schwingungen 180°. Interessant ist dabei, daß die Schlittenmasse nur Einfluß auf die Eigenfrequenz hat. Für kleine Massen liegt sie entsprechend höher als für große. Auf die Stabilitätsgrenze ist sie ohne Einfluß, sondern diese hängt nur von der Ungleichheit $\lambda_\ddot{o} > E_o$ ab. Neben den in Abbildung 43 dargestellten negativ-inversen Ortskurven zweier Aggregate für das Normalgerät (jeweils Kurve a) berücksichtigt Kurve b erhöhte Masse und Kurve c einen verminderten Elastizitätsmodul des Öles $E_\ddot{o}$. $E_\ddot{o}$ wurde im letzteren Falle statt mit $1{,}4 \cdot 10^4$ kg/cm² mit $0{,}334 \cdot 10^4$ kg/cm² eingesetzt, wie es sich bei Lufteinschlüssen im Öl ergeben kann.

Es ist ersichtlich, daß die Kurven a und b des 1. Aggregates mit dem Proportionalregler nullter Ordnung stabil sind, während bei Fall c der

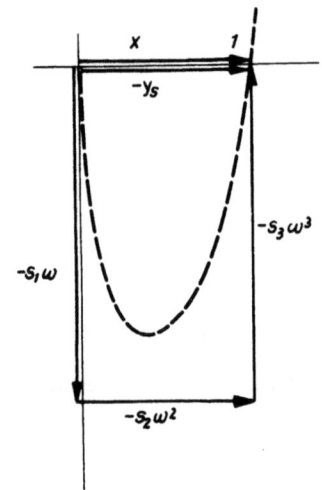

Abbildung · 44
Stabilitätsgrenze bei einem Regelsystem
aus Regelstrecke 3. Ordnung ohne Ausgleich
und Proportionalregler 0.Ordnung

Punkt x = 1 rechts von der Kurve liegt, d.h. bei einem Anstoß mit entsprechend hoher Frequenz (180 Hz) führt der Support Schwingungen aus, die nicht wieder abklingen.

Für Aggregat 2 besteht bei Kombination mit dem Proportionalregler nullter Ordnung schon bei Kurve a und b die Möglichkeit der Instabilität. Aus den negativ-inversen Ortskurven geht jedoch hervor, daß bei den Frequenzen zwischen 30 und 70 Hz, bei denen Regelkreisschwingungen unstabiler Systeme gemessen wurden, die Phasenverschiebung zwischen Ein- und Ausgangsgröße nur wenig mehr als 90° beträgt.

d) Kombination mit Proportionalregler 2. Ordnung

Wie oben als Ergebnis der Messungen an verschiedenen Aggregaten beschrieben, lag der Taster bei den schwingenden Systemen nicht fest an der Schablone an, sondern führte Schwingungen aus, die mit einem Absolutaufnehmer gemessen werden konnten, d.h. der Taster schwingt nicht nur relativ zum Kopiersupport, sondern auch relativ zum Maschinenbett. Das ist aber nur möglich, wenn der Taster von der Schablone abhebt und Prellschwingungen ausführt, oder aber, wenn der Taster die Schablone oder der Schablonenträger als Feder wirken, die dem Taster eine Absolutschwingung ermöglicht.

Zur besseren, versuchsmäßigen, wie auch rechnerischen Erfassung der Verhältnisse wurde für den Regler ein Ersatzsystem ausgebildet, das die auf Abbildung 45a dargestellte Form hatte. Der Taster, der in Abbildung 39 als starrer zweiarmiger Hebel gezeichnet ist, wurde bei dem System ohne Umlenkhebel durch eine Feder mit der Steifigkeit C_2 ersetzt. Abbildung 46 soll deutlich machen, welche Elemente des Taster-Steuerkolbensystems sich bei geringer Steifigkeit im besonderen Maße als Feder mit der Federkonstanten C_2 auswirken können. Einmal kann die Schablone bzw. der Schablonenträger (a) oder bei Systemen mit Umlenkhebel der Hebel (b) selbst als Feder wirksam sein. Außerdem besteht die Möglichkeit, daß durch die elastischen Eigenschaften von Taster und Schablone Prellschwingungen verursacht werden (c). Bei einer solchen Ausbildung des Reglers wird die Eingangsgröße an der Tasterspitze nicht mit gleicher Größe am Reglerausgang ankommen, wie das beim Regler nullter Ordnung der Fall war, sondern nach einer Ortskurve, deren Differntialgleichung sich zu

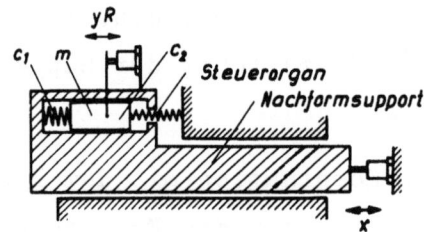

a. Aggregat ohne Umlenkhebel

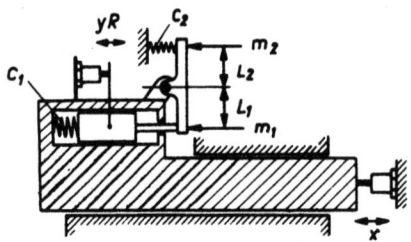

b. Aggregat mit Umlenkhebel

Abbildung 45

Ersatzsystem für den Proportiobalregler zweiter Ordnung

c_1 m c_2	a. Schablone oder Schablonenträger als Biegefeder wirksam.
c_1 m c_2	b. Tasterhebel als Biegefeder wirksam.
c_1 m c_2	c. Elastische Eigenschaften von Taster und Schablone verursachen Prellschwingungen
c_1 m c_2 y_R x_e	d. Ersatzsystem mit Feder

Abbildung 46

Federnde Elemente im System Taster-Steuerorgan

$$m(\ddot{y}_r + e\ddot{x}_e) + d\dot{y}_R + y_R(C_1 + C_2) = C_2 x_e$$

oder

$$\frac{\ddot{y}_R(t) + e\ddot{x}_e(t)}{\frac{C_1+C_2}{m}} + \dot{y}_R(t) \cdot \frac{d}{C_1+C_2} + y_R(t) = \frac{C_2}{C_1+C_2} x_e(t)$$

ergibt. Da Dauerschwingungen auch bestehen bleiben, wenn keine Führungsgröße in den Regler geleitet wird, kann $x_e = x$, d.h. gleich der Ausgangsgröße der Regelstrecke gesetzt werden. Es folgt daher

$$T_2^2 \left[\ddot{y}_R(t) + e \cdot \ddot{x}(t) \right] + T_1 \dot{y}_R(t) + y_R(t) = k \cdot x(t).$$

$$T_2^2 = \frac{1}{\omega_0^2} \; ; \quad T_1 = \frac{2D}{\omega_0} \; ; \quad k = \frac{C_2}{C_1 + C_2} \; ; \quad e = \frac{m_1 l_1 - m_2 l_2}{m_1 l_1}$$

ω_0 = Kennkreisfrequenz
D = Dämpfungsgrad

Aus dem Ansatz ist zu ersehen, daß die Dämpfungs- und Federkräfte mit der Relativbewegung y_R (Ausgangsgröße des Reglers) eingehen, während die Massenkraft mit der zweiten Ableitung der Absolutbewegung berücksichtigt wird.

Der Faktor e vor der 2. Ableitung der Eingangsgröße bestimmt sich aus Abbildung 45b und berücksichtigt bei Systemen mit Doppelhebeltaster, daß die auf der Seite der Tasterspitze vereinigt gedachten Masse m_2 der auf der Steuerkolbenseite vereinigt gedachten Masse m_1 entgegenwirkt. Der Faktor $e = \dfrac{m_1 \cdot l_1 - m_2 \cdot l_2}{m_1 \cdot l_1}$ kann je nach Verteilung der Massen des Tastersystems Werte zwischen -1 und $+1$ annehmen. Ein positives e wirkt dämpfungsvermindernd, ein negatives dämpfungsvergrößernd.

Das Zeigerbild sowie die Ortskurve des Ersatzreglers sind in Abbildung 47 für zwei verschiedene Dämpfungsgrade dargestellt. Der Verlauf wurde mit den versuchsmäßig ermittelten Faktoren T_2, T_1, k und e errechnet. Es ist zu ersehen, daß eine Komponente des Zeigers $T_2^2 \omega^2 x_{eo} \cdot e$ dämpfungsvermindernd eingeht, da bei dem Ersatzsystem $e = +1$ ist. Außerdem ist die negativ-inverse Ortskurve der Regelstrecke eingezeichnet. Wie weiter unten ausgeführt wird, ist das System bei einem Regler-Dämpfungsgrad von $D = 0,3$ instabil, während bei $D = 0,4$ Stabilität herrscht.

Versuchsmäßig erhielt man das Ersatzsystem in einfacher Weise, indem die Tasterspitze als Feder ausgebildet wurde. Anstelle der auf Abbildung 40 geschriebenen Prellschwingungen ergeben sich bei dem Ersatzsystem einigermaßen sinoide Kurven, mit deren Hilfe eine Deutung des Schwingungsvorganges in leichter Weise möglich ist.

Abbildung 48 zeigt einen Schrieb des Ersatzsystems, bei dem die Tasterbewegung des Steuerorgans absolut gemessen wurde. Für dieses Beispiel

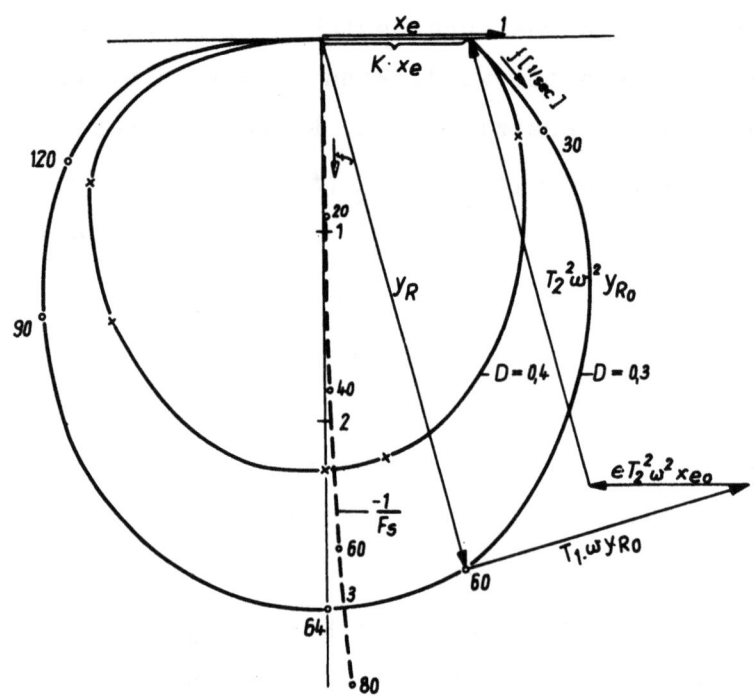

Abbildung 47
Ortskurve und Zeigerbild des Ersatzreglers

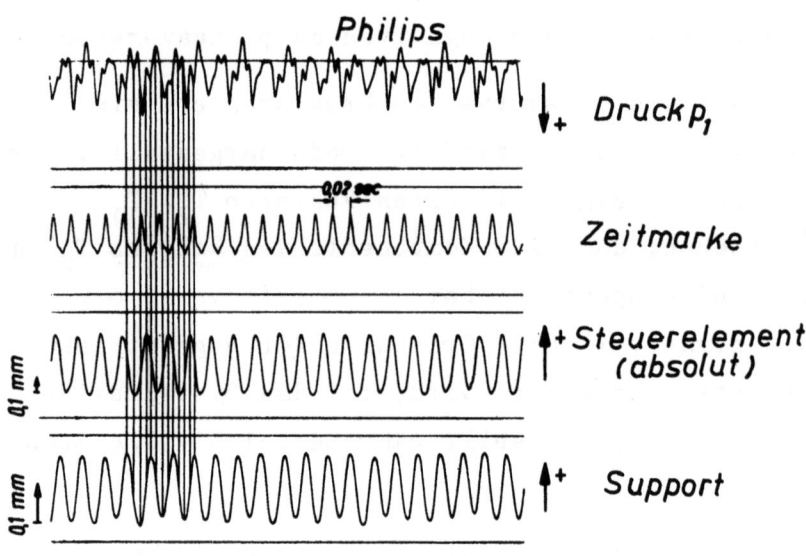

Abbildung 48
Schwingungen des Ersatzsystems

seien die Verhältnisse in Abbildung 49 im einzelnen verdeutlicht. Die Absolutbewegung des Steuerorgans lief der Meißelbewegung um $90° - \alpha°$ vor; das Amplitudenverhältnis war $y_A/x = 2,22$. Die Relativbewegung, die

die Eingangsgröße der Regelstrecke - y_s darstellt, ergibt sich als Differenz zwischen der gemessenen Absolutbewegung y_A und der Supportbewegung x. Aus Abbildung 48 ersieht man als Phasendifferenz zwischen Eingangsgröße der Regelstrecke - y_s und Ausgangsgröße x einen Winkel von etwa $90° + \gamma$. Für den Regler ist die Eingangsgröße der Regelstrecke Ausgangsgröße und ändert entsprechend der Schließbedingung - $y_s = y_R$ ihr Vorzeichen. Zwischen der Eingangsgröße des Reglers x und seiner Ausgangsgröße y_R besteht also, wie aus Abbildung 48 ersichtlich ist, eine Phasendifferenz von $90° - \gamma$. Damit ist der Regelkreis geschlossen, und es ergeben sich bei Dauerschwingung für Regler und Regelstrecke im allgemeinen Fall die in Abbildung 50 dargestellten Zeigerbilder.

Als Kriterium für Stabilität bei der Darstellung von F_R und $-\frac{1}{F_s}$ gilt, daß bei einem Zusammenfallen von y_R und $-y_s$ der Zeiger der Eingangsgröße der Regelstrecke $-y_s$ größer sein muß als die Ausgangsgröße des Reglers y_R. Betrachtet man den Verlauf der Reglerausgangsgröße y_R als Verstärkerfaktor V_R, so ergibt sich als Ausdruck für die Stabilitätsgrenze aus Abbildung 50

$$\frac{y_s}{x_{eo}} = \sqrt{(s_1\omega - s_3\omega^3)^2 + (s_2\omega^2)^2} = V_R(\omega) = \frac{y_R}{x_e}.$$

Da die Geschwindigkeitsverstärkung C_o der Regelstrecke die am einfachsten zu variierende Größe ist, wird für sie das Kriterium angesetzt:

$$C_o \leqq \frac{\omega \left(1 - \frac{M}{\lambda_\delta}\omega^2\right)}{\sqrt{V_R^2(\omega) - \left(\frac{M}{E_o}\omega^2\right)^2}}$$

Aus Abbildung 50 ergibt sich allgemein für den Verstärkungsfaktor des Reglers:

$$\frac{y_R}{x_{eo}} = \frac{k}{\sqrt{\left[1 - T_2^2\omega^2\left(1 + e \cdot x_{eo}\frac{\cos\alpha}{y_R}\right)\right]^2 + \left[T_1\omega - T_2^2\omega^2 \cdot e\frac{\sin\alpha}{y_R}x_{eo}\right]^2}} = V_R$$

Wie aus den negativ-inversen Ortskurven auf Abbildung 43 sowie aus den oben angeführten Versuchsergebnissen hervorgeht, ist für die versuchsmäßig ermittelten Dauerschwingungsfrequenzen die Phasenverschiebung zwischen der Eingangsgröße der Regelstrecke und ihrer Ausgangsgröße nur wenig größer als $90°$ ermittelt worden. Für diesen speziellen Fall sind für Regler und Regelstrecke die Zeigerbilder in Abbildung 51 gezeichnet.

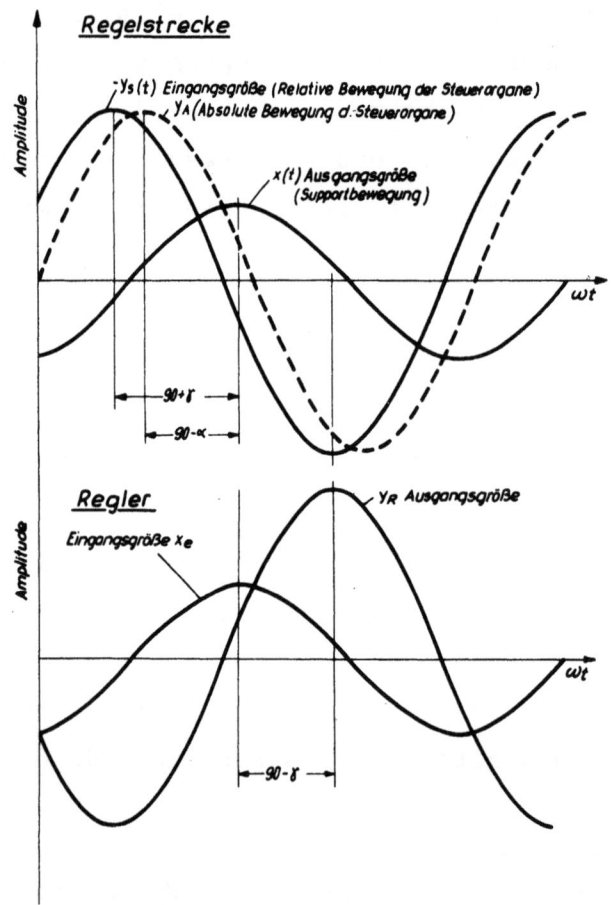

Abbildung 49

Verlauf der Ein- und Ausgangsgrößen bei Regelstrecke und Regler

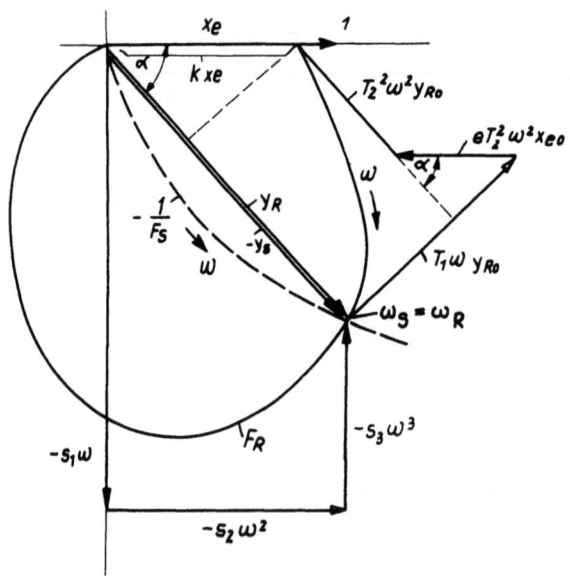

Abbildung 50

Stabilitätsgrenze eines hydraulischen Kopiersystems

Seite 60

Aus den Zeigern für den Regler lassen sich unter der geringfügigen Vernachlässigung, daß die Zeiger $e\, T_2^2 \omega^2 x_{eo}$ und $T_1 \omega\, y_{Ro}$ als in eine Richtung fallend betrachtet werden, die Ausgangsgröße y_R bestimmen. Für diesen Fall ist $\alpha \approx 90°$;

$$\frac{y_{RO}}{x_{eo}} = \frac{k}{\sqrt{(1-T_2^2\omega^2)^2 + \left[T_1\omega - T_2^2\omega^2 \cdot e \cdot \frac{x_{eo}}{y_{RO}}\right]^2}} = V_R(\omega)$$

Dieser Ausdruck für y_{RO} ist nichts anderes als der Verstärkungsfaktor des Reglers V_{Rmax}. Da bei annähernd 90° Phasenverschiebung zwischen Ein- und Ausgangsgröße das System mit Eigenfrequenz schwingt, wird der Wert $T_2^2 \omega^2 \approx 1$, so daß

$$\frac{y_{RO}}{x_{eo}} = \frac{k+e}{2D} = V_{Rmax}$$

wird.

Berücksichtigt man in dem obigen Stabilitätskriterium für C_o, daß die Glieder 2. und 3. Ordnung der Regelstrecke bei etwa 90° Phasenverschiebung noch vernachlässigbar klein sind, so gilt für diesen speziellen Fall:

$$C_o \leqq \frac{\omega e}{V_{Rmax}} \quad .$$

Für V_{Rmax} wird der oben errechnete Wert eingesetzt:

$$C_o \leqq \frac{\omega e \cdot 2D}{k+e} \quad .$$

Diskussion der Ergebnisse

Während das Stabilitätskriterium bei Kombination der Regelstrecke mit einem Proportionalregler nullter Ordnung nur Parameter der Regelstrecke aufwies, vereinigt das bei Verwendung eines Reglers 2. Ordnung ermittelte Kriterium Baugrößen von Regelstrecke und Regler.

Für das Ersatzsystem, bei dem der Regler sinoide Schwingungen ausführte, konnte die Gültigkeit obiger Näherungsgleichung numerisch nachgewiesen werden.

Der Ansatz von etwa 90°-Phasenverschiebung bedeutet, daß der Regler in seiner Eigenfrequenz schwingt und daß die Glieder 2. und 3. Ordnung der Regelstrecke keinen wesentlichen Einfluß haben.

Abbildung 52 zeigt ein Oszillogramm von Dauerschwingungen des Ersatzsystems, bei dem die Bewegung des Steuerorgans y_R relativ zum Support aufgenommen wurde. Daneben ist eine Abklingkurve des Reglers wiedergegeben, die bei abgeschaltetem Hydraulikkreis aufgenommen wurde. Es ist zu ersehen, daß die Regelkreisschwingungen tatsächlich gleiche Frequenz wie die Eigenfrequenz ω_e des Tastersystems aufweisen.

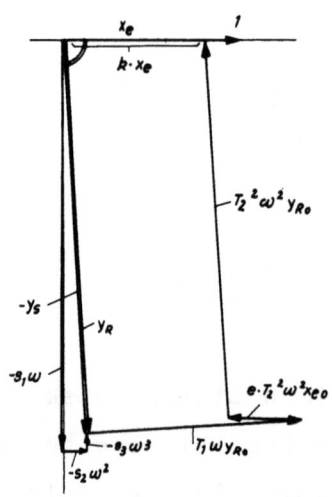

A b b i l d u n g   51

Zeigerbild für schwingendes System mit annähernd 90° Phasenverschiebung zwischen Ein- und Ausgangsgröße

Bei den übrigen Systemen, bei denen die Schwingungen nicht sinoidisch waren, konnte die Eigenfrequenz auf der Tasterseite mit Hilfe eines Wechselkrafterregers nachgewiesen werden, wenn es sich um eine Schwingung des Schablonenträgers handelte. Führte der Taster Prellschwingungen

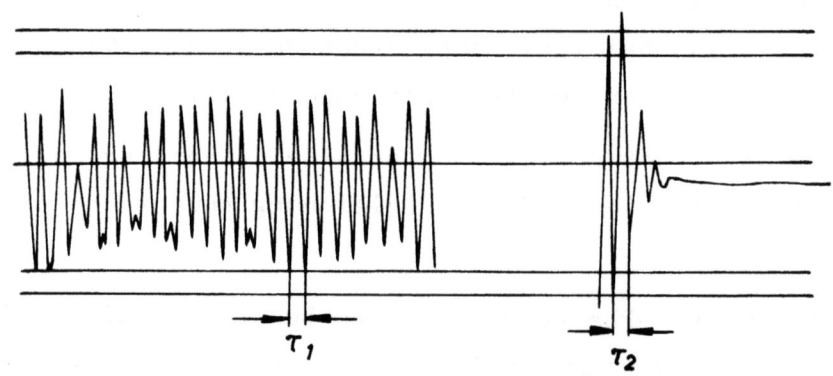

A b b i l d u n g   52

Dauerschwingungen und Abklingkurve des Ersatzsystems

aus, die sowohl von den elastischen Eigenschaften des Tastersystems als auch von denen der Schablone abhängen, so war dies nicht möglich.

Das Problem der Prellschwingungen des gehärteten Tasters auf der Schablone bildet ein besonderes Problem, das bezüglich seiner Wirkung innerhalb des Folgeregelkreises untersucht werden muß.

e) Möglichkeiten zur Vermeidung von Regelkreisschwingungen

Das Stabilitätskriterium zeigt zwei grundsätzliche Möglichkeiten, Stabilität herbeizuführen. Einmal auf der Seite der Regelstrecke, zum anderen am Regler.

Ziel aller Stabilisierungsmaßnahmen sollte jedoch sein, Stabilität des Systems zu erreichen, ohne die Genauigkeit der Anlage zu vermindern. Wie in den voranstehenden Ausführungen gezeigt wurde, ist für die Bearbeitungsgenauigkeit vor allem die Kraftverstärkung E_o des Systems wesentlich; soll die Stabilität durch Verminderung von C_o erreicht werden, so müßte angestrebt werden, die Kraftverstärkung dabei nicht zu verändern.

Für die meisten Systeme mit Drosselsteuerung ist:

$$C_o = \text{konst.} \frac{\sqrt{p_o \cdot B}}{F} \quad \text{und}$$

$$E_o = \text{konst.} \frac{p_o \cdot F}{h_o} \quad \text{wobei}$$

p_o = Pumpendruck

B = der Druchflußkoeffizient durch die Steuerkanten

F = Kolbenfläche

h_o = Öffnung des Steuerschlitzes im unbelasteten Zustand ist.

Es ist ersichtlich, daß eine Verminderung des Pumpendruckes E_o in stärkerem Maße vermindert als C_o. Auch eine Verkleinerung des Durchströmkoeffizienten B würde E_o herabsetzen, da damit eine Vergrößerung des Steuerschlitzes h_o verbunden ist. Nur die Vergrößerung der Kolbenfläche F hat die gewünschte Wirkung, C_o zu senken und E_o zu vergrößern. Natürlich darf C_o nur soweit gesenkt werden, daß der sogenannte Geschwindigkeitsfehler in zulässigen Grenzen bleibt.

Bei ausgeführten Aggregaten, die sich im Betrieb als instabil erweisen, wird man jedoch als einfachstes Mittel den Durchströmkoeffizienten B senken, indem man die Steuerkanten des Steuerschiebers unter einem

Winkel anfaßt, abrundet oder die Steuerschlitzlänge durch Längsnuten verringert. Diese Maßnahmen zur Verminderung von C_o durch Herabsetzen des Durchströmkoeffizienten bewirken aber auch ein Absinken der Kraftverstärkung, wodurch die Arbeitsgenauigkeit des Systems ungünstig beeinflußt wird.

Eine weitere Maßnahme zur Verminderung der Geschwindigkeitsverstärkung, ohne die Genauigkeit des Systems zu beeinträchtigen, wie sie erstmalig von ZELENY angegeben wurde, ist in Abbildung 53 schematisch dargestellt. In die Zuleitungsbohrungen zu den Zylinderräumen sind Drosseln eingebracht. Dadurch bleiben die hohen Durchströmkoeffizienten an den Steuerkanten und damit die kurzen Steuerwege erhalten, jedoch vermindern die Drosseln bei Schlittenbewegung die Geschwindigkeitsverstärkung C_o.

Stabilitätserhöhende Eingriffe auf der Reglerseite haben den Vorteil, daß sie sich nicht direkt auf die Genauigkeit des Systems auswirken, da diese im wesentlichen von den Kennwerten der Regelstrecke abhängen. Stabilität läßt sich nach dem obigen Kriterium erreichen, indem die Eigenfrequenz ω_e des Systems Taster-Steuerorgan erhöht wird. Dies bedeutet geringe Massen bei hoher Federsteifigkeit. Versuche haben bestätigt, daß die Schwingungsfrequenz eines instabilen Systems durch Erhöhung der Tastermasse absank. Aber auch die Eigenfrequenz des Schablonenträgers samt Schablone muß hoch genug sein, da diese Elemente, wie oben beschrieben, dem Regler als Feder dienen können. Außerdem kann ein System stabilisiert werden, indem der Verstärkungsfaktor des Reglers vermindert, d.h. seine Dämpfung erhöht wird. Eine solche Dämpfung findet man beispielsweise an Kopiersystemen in Form einer Flüssigkeitsdämpfung des

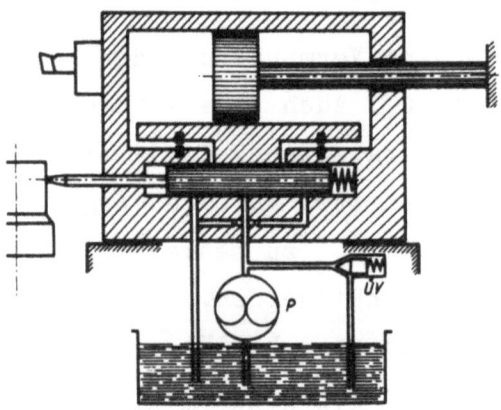

Abbildung 53

Erhöhung der Stabilität durch Drosseln in den Zuleitungsbohrungen zu den Zylinderräumen

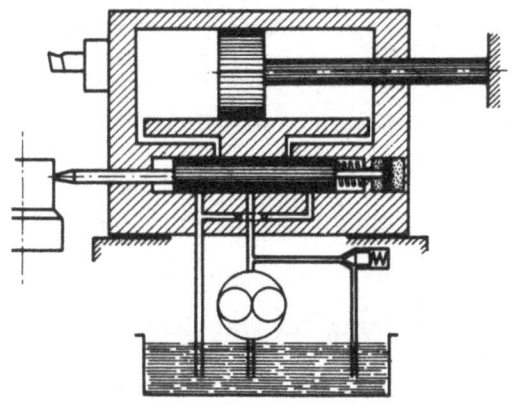

Abbildung 54

Flüssigkeitsdämpfung des Steuerkolbens

Steuerkolbens, wie sie in Abbildung 54 schematisch gezeigt wird. Bei Anbringen einer Dämpfung ist es jedoch zweckmäßig, das schwingende Glied selbst zu dämpfen und nicht erst die verstärke Schwingung an einem nachfolgenden Element.

Schlußbetrachtung

Wegen der immer höheren Anforderungen der Fertigung an die Genauigkeit von Kopiersteuerungen ist das Versuchsprogramm "Untersuchung von Kopiersteuerungen", das am Institut für Werkzeugmaschinen und Betriebslehre der Technischen Hochschule Aachen durchgeführt wird, von Herstellern und Verbrauchern dieser Aggregate mit großem Interesse aufgenommen worden. Das äußert sich nicht zuletzt darin, das bedeutende Firmen ihre Geräte und Maschinen einer Untersuchung durch das Werkzeugmaschinen-Laboratorium unterziehen lassen. In den obigen Ausführungen wurde im besonderen auf die Versuchsmethodik und die Versuchsdurchführung eingegangen. Die notwendig hohe Meßgenauigkeit bei den Bearbeitungsversuchen sowie die hohen Frequenzen bei den Stabilitätsuntersuchungen machen den Einsatz von elektronischen Meßgeräten erforderlich. Es hat sich im Laufe der Untersuchungen herausgestellt, daß das stationäre Verhalten eines hydraulischen Kopieraggregates durch einige Kennwerte charakterisiert ist. Diese Kennwerte sind die Geschwindigkeitsverstärkung C_o und die Kraftverstärkung E_o, die den Geschwindigkeits- bzw. Kraftanstieg über der Tasterauslenkung kennzeichnen.

Ausschlaggebend für die Arbeitsgenauigkeit eines Gerätes ist die Umkehrspanne, die mit Hilfe des Kugeldrehversuches auch unter Last ermittelt werden kann. Aus den Ergebnissen dieser Untersuchungen lassen sich Hinweise für den Konstrukteur herleiten, durch welche konstruktiven Maßnahmen die Genauigkeit des Aggregates erhöht werden kann.

Zur Ermittlung des dynamischen Verhaltens eines Nachformaggregates hat sich die Frequenzganguntersuchung am geschlossenen Regelkreis als günstig erwiesen. Sie gibt Auskunft über den Einfluß von Masse, Reibung und Nichtlinearitäten und ermöglicht den Vergleich mehrerer Aggregate in dieser Hinsicht.

Ein wesentliches Problem der hydraulischen Kopiersteuerungen ist die dynamische Stabilität. Es hat sich gezeigt, daß die meisten Kopieraggregate bei bestimmten Betriebsverhältnissen instabil werden, d.h. Dauerschwingungen ausführen, die ein Kopieren behindern oder unmöglich machen. An einem Ersatzsystem wurde der Schwingungsmechanismus untersucht und deutlich gemacht. Es konnte nachgewiesen werden, daß federnde Elemente des Taster-Steuerorgan-Systems Ursache zur Instabilität geben. An Hand eines Stabilitätskriteriums konnten die Möglichkeiten aufgezeigt werden, ein instabiles System zu stabilisieren.

                                              Prof. Dr.-Ing. Herwart OPITZ
                                              Dipl.-Ing. Wolfgang BACKÉ

Literaturverzeichnis

[1] BACKÉ, W.   "Das Verhalten hydraulischer Kopiersysteme"
Industrie-Anzeiger; Ausgabe "Werkzeugmaschine und Fertigungstechnik"
Nr. XII, 6. Dezember 1957

[2] BACKÉ, W.   "Verhalten des Einkantensystems unter Last beim Nachformen"
Forschungsbericht: Werkzeugmaschinenkonstruktion II, T.H. Aachen, 1956

[3] CHAIMOWITSCH, E.M.   "Ölhydraulik, Grundlagen und Anwendungen" VEB Verlag Technik, Berlin, 1957

[4] CHOLCHLOW, W.A.   "Berechnung und Analyse der Dynamik von hydraulischen Drosselverstärkern"
Feinwerkstechnik, Jg. 61, Heft 3, 1957

[5] DEKNOPPER, J.   "Hydraulische Kopiersysteme"
Technisch-Wetenschappelijk Zijdschrift
April 1957, Jaarg, 26; No. 4, Brüssel

[6] ECK, B.   "Technische Strömungslehre"
Springer-Verlag 1954

[7] GOLDSCHE, J.   "Toleranzfelder beim Nachformdrehen"
Werkzeugmaschine und Fertigungstechnik. Sonderteil des Industrie-Anzeigers Nr. IV 6.4.1954

[8] HÄUSER, K.   "Hydraulische Kopiersysteme mit Zweikantensteuerung"
"Hydraulische Kopiersysteme mit Einkantensteuerung"
Werkstatt und Betrieb, 86. Jahrg., 1953, Heft 1 und 3

[9] HELLMANN, H. — "Hydraulische Bandstrahl-Turbosteuerung für hohe Genauigkeiten"
3. Forschungs- und Konstruktionskolloquium; München 29. u. 30.10.1957;
Erschienen: Der Maschinenmarkt

[10] KIENZLE, O. — "Die Bestimmung von Kräften und Leistungen an spanenden Werkzeugen und Werkzeugmaschinen"
Sonderdruck aus der Zeitschrift des VDJ, Bd. 94 (1952) Nr. 11/12, S. 299/305

[11] KLOTTER, K. — "Technische Schwingungslehre"
Springer-Verlag Berlin, Göttingen, Heidelberg

[12] KUPKA, G. — "Bestimmung der beeinflußbaren Nebenzeiten beim Nachformdrehen"
Werkstattstechnik und Maschinenbau 46 Jg., Heft 4; April 1956

[13] KOROBOCKIN, B.L. — "Zweckmäßige Auslegung der hydraulischen Kopiersysteme für Werkzeugmaschinen"
Stanke i Instrument, 1956; Nr. 6
Auszüge im Industrie-Anzeiger Nr. VI, 7. Juni 1957

[14] LICHTENNAUER, G. — "Entwicklung und derzeitiger Stand der hydraulischen Kopiervorrichtungen"
Werkstatt und Betrieb 90; 1957; H 1

[15] MOLLE, R. — "Das analytische Studium der hydraulischen Kopiervorrichtungen, Abnahme und Kontrolltests"
Microtechnik 1954, Heft 445

[16] OPPELT, W. — "Kleines Handbuch Technischer Regelvorgänge"
Verlag Chemie GmbH.; Weinheim/Bergstraße, 2. Auflage, 1956

[16a] SCHÄFER, O.   "Grundlagen der selbsttätigen Regelung"
Franzis Verlag, München, 2. Aufl. 1957

[17] SCHALLER, W.   "Ölströmungen in Drosselstellen von Werkzeugmaschinen"
Dissertation T.H. Stuttgart, 1953

[18] SCHMID - OLK   "Fühlergesteuerte Maschinen"
Girardet-Verlag, Essen

[19] STAU, K.H.   "Nachformeinrichtungen für Drehbänke"
Werkstattbücher, Heft 113 Springer-Verlag, Essen

[20] ZAHOR, J.   "Genauigkeit der Kopiersyteme"
Schwerindustrie in der Tschechoslowakei 1955, Heft 1

[21] ZELENY, J.   "Stabilität der hydraulischen Kopiereinrichtungen"
Schwerindustrie in der Tschechoslowakei 1955, Heft 1

[22] ZELENY, J.   "Berechnung und Entwurf der hydraulischen Kopiersysteme"
Technische Rundschau, Nr. 53, 20.12.1957

FORSCHUNGSBERICHTE DES WIRTSCHAFTS- UND VERKEHRSMINISTERIUMS NORDRHEIN-WESTFALEN

Herausgegeben von Staatssekretär Prof. Dr. h. c. Dr. E. h. Leo Brandt

MASCHINENBAU

HEFT 45
Losenhausenwerk Düsseldorfer Maschinenbau AG., Düsseldorf
Untersuchungen von störenden Einflüssen auf die Lastgrenzenanzeige von Dauerschwingprüfmaschinen
1953, 36 Seiten, 11 Abb., 3 Tabellen, DM 7,25

HEFT 136
Dipl.-Phys. P. Pilz, Remscheid
Über spezielle Probleme der Zerkleinerungstechnik von Weichstoffen
1955, 58 Seiten, 19 Abb., 2 Tabellen, DM 11,50

HEFT 147
Dr.-Ing. W. Rudisch, Unna
Untersuchung einer drehelastischen Elektromagnet-Synchronkupplung
1955, 82 Seiten, 65 Abb., DM 17,70

HEFT 183
Dr. W. Bornheim, Köln
Entwicklungsarbeiten an Flaschen- und Ampullen-Behandlungsmaschinen für die pharmazeutische Industrie
1956, 48 Seiten, 24 Abb., DM 11,70

HEFT 212
Dipl.-Ing. H. Spodig, Selm
Untersuchung zur Anwendung der Dauermagnete in der Technik   *1955, 44 Seiten, 25 Abb., DM 9,80*

HEFT 295
Prof. Dr.-Ing. H. Opitz und Dipl.-Ing. H. Axer, Aachen
Untersuchung und Weiterentwicklung neuartiger elektrischer Bearbeitungsverfahren
1956, 42 Seiten, 27 Abb., DM 10,30

HEFT 298
Prof. Dr.-Ing. E. Oehler, Aachen
Untersuchung von kritischen Drehzahlen, die durch Kreiselmomente verursacht werden
1956, 50 Seiten, 35 Abb., DM 13,15

HEFT 384
Prof. Dr.-Ing. H. Opitz, Aachen
Schwingungsuntersuchungen an Werkzeugmaschinen
1958, 66 Seiten, 73 Abb., DM 20,40

HEFT 412
Prof. Dr.-Ing. H. Opitz, Aachen
Kennwerte und Leistungsbedarf für Werkzeugmaschinengetriebe
1958, 72 Seiten, 35 Abb., DM 17,20

HEFT 506
Prof. Dr.-Ing. W. Meyer zur Capellen, Aachen
Der Flächeninhalt von Koppelkurven. Ein Beitrag zu ihrem Formenwandel
1958, 74 Seiten, 26 Abb., DM 21,50

HEFT 533
Prof. Dr.-Ing. H. Opitz und Dipl.-Ing. W. Hölken, Aachen
Untersuchung von Ratterschwingungen an Drehbänken
1958, 70 Seiten, 44 Abb., 2 Tabellen, DM 19,70

HEFT 606
Oberbaurat Prof. Dr.-Ing. W. Meyer zur Capellen, Aachen
Eine Getriebegruppe mit stationärem Geschwindigkeitsverlauf
in Vorbereitung

HEFT 631
Dr. E. Wedekind, Krefeld
Der Einfluß der Automatisierung auf die Struktur der Maschinen und Arbeiterzeiten am mehrstelligen Arbeitsplatz in der Textilindustrie
1958, 86 Seiten, 34 Abb., DM 21,10

HEFT 667
Prof. Dr.-Ing. H. Opitz, Dipl.-Ing. H. de Jong, Aachen
Schwingungs- und Geräuschuntersuchung an ortsfesten Getrieben

HEFT 668
Prof. Dr.-Ing. H. Opitz, Dipl.-Ing. G. Ostermann, Dipl.-Ing. M. Gappisch, Aachen
Beobachtungen über den Verschleiß an Hartmetallwerkzeugen

HEFT 669
Prof. Dr.-Ing. H. Opitz, Dipl.-Ing. H. Uhrmeister, Dipl.-Ing. K. Jüstel, Aachen
Aufbau und Wirkungsweise einer Magnetbandsteuerung

HEFT 670
Prof. Dr.-Ing. H. Opitz, Dipl.-Ing. W. Backe, Aachen
Untersuchung von Kopiersteuerungen

HEFT 671
Prof. Dr.-Ing. H. Opitz, Dr.-Ing. R. Piekenbrink, Dipl.-Ing. J. Bielefeld, Dipl.-Ing. K. Honrath, Aachen
Untersuchungen an Werkzeugmaschinenelementen

HEFT 672
Prof. Dr.-Ing. H. Opitz, Dipl.-Ing. H. Heiermann, Dipl.-Ing. B. Rupprecht, Aachen
Untersuchungen beim Innenrundschleifen

HEFT 673
Prof. Dr.-Ing. H. Opitz, Dipl.-Ing. H. Obrig, Dipl.-Ing. K. Ganser, Aachen
Die Bearbeitung von Werkzeugstoffen durch funkenerosives Senken
in Vorbereitung

Wir liefern Ihnen gern auf Anfrage die Verzeichnisse anderer Sachgebiete.

If you have any concerns about our products,
you can contact us on
ProductSafety@springernature.com

In case Publisher is established outside the EU,
the EU authorized representative is:
**Springer Nature Customer Service Center GmbH
Europaplatz 3, 69115 Heidelberg, Germany**

Printed by Libri Plureos GmbH
in Hamburg, Germany